사과농부
강대욱의 제철밥상

남자들도 쉽게 따라할 수 있는
계절별 맞춤 건강 레시피

사과농부
강대욱의 제철밥상

요리하는 사과농부
강대욱 지음

이지출판

책을 내며

사과농부의 밥상에 대한 철학은

01 ** 제철 식재료는 면역력 증강을 위해 꼭 먹어야 한다.
02 ** 요리는 간단하고 쉽게 만들어 먹어야 한다.
03 ** 아침은 반드시 챙겨 먹어야 한다.

이 3가지는 사과농부가 철저히 지키고 있는 밥상에 대한 예의다.

사과농부가 소년 시절이던 70년대는 새마을운동이 한창이었다.
새마을운동은 한마디로 농촌에서부터 "잘 먹고 잘 살아보자"는 운동이었다.
먹을 게 없어서 나물, 풀뿌리, 나무껍질을 벗겨 죽을 쑤어 먹었다고 하면, 말도 안 되는 소리라고,
라면도 있고 과자도 있고 먹을 게 지천에 널려 있는 지금은 상상도 안 가는 이야기다.
그러나 그땐 그렇게 살았다.
사과농부가 태어난 곳은 따뜻한 남쪽나라 섬이다. 초등학교까지 그 섬에서 살다가 중학교는 읍내
에서 다녔다. 섬에서 자랐기에 바다 이야기를 할 수 있고, 외갓집과 큰아버지 댁에 자주 갔기에
농사일이 어떤 것인지 잘 안다.
우리 외할머니는 만능요리사였다.
바다에서 나는 해조류, 텃밭에서 따온 제철 식재료를 가지고
노할머니, 외삼춘네 그 많은 식구들을 위해 늘 건강한 밥상을 푸짐하게 차려 내셨다.
부족함이 없는 풍요로운 시대, 모든 것이 과잉공급이고 돈만 있으면
볼거리, 먹거리, 즐길거리가 넘쳐난다.
우리네 식탁도 마찬가지다. 요리에 대한 기본 상식이 없어도 누구나 쉽게 만들어 먹을 수 있는
반조리식(HMR), 밀키트, 레토르트식품 등 각종 간편식이 진화를 거듭하여
이름 있는 셰프의 레시피가 담겨 있는 프리미엄식으로 식탁을 채우고 있다.

바쁜 현대인들에게, 특히 MZ세대들에게는 선택할 수 있는 폭이 넓어 좋다고 하지만,
그리운 것은 역시 우리 외할머니, 어머니가 만들어 주시던 소담스런 집밥이다.
"남자 나이 60이 되면 앞치마를 둘러야 한다"는 이 말 한마디에 요리에 관심을 갖게 되었고,
늘 외할머니, 어머니의 손맛이 그리워 그때의 아련한 추억을 떠올리며 아빠가 차리는
시골밥상 책을 내게 되었다.

남자들이여! 아빠들이여! 이제 주방에서 자존감을 가집시다.
누구나 쉽게 이해하고 따라할 수 있도록 만들었으니 많은 분들이 필요할 때 요긴하게
활용하셨으면 좋겠습니다.

요리는 비주얼도 무시할 수 없지만, 그것이 입맛을 당기게 하는 것은 아니라고 생각한다.
요리, 특히 반찬은 간이 맞아야 한다. 간이 맞지 않은 반찬은 입맛을 당기게 하지 않을 뿐더러
뒷맛도 개운하지 않다.
사과농부의 블로그 "요리하는 사과농부의 시골밥상"에는 이 책에 소개한 레시피를
요리하는 과정이 자세히 수록되어 있다.
제철에 나는 식재료로 건강한 밥상을 차리고 싶은 분들에게 도움이 되길 바란다.

끝으로 이 책을 펴내도록 용기를 주신 한국강사교육진흥원 김순복 원장님과 요리책을 세상에
선보일 수 있도록 출판해 주신 이지출판사 서용순 대표님, 그리고 일일이 불로그에서 자료를
찾아 편집해 주신 조성윤 실장님께 감사드립니다.
세상에 태어나 이렇게 이름 석자를 남길 수 있는
기회를 주셔서 고맙습니다.

차례

- 책을 내며 · 04
- 농산물 간이계량표 · 08

매월 제철 식재료로 만든 집밥 레시피

농산물 간이계량표

- 식재료 계량은 집집마다 계량저울이 있으면 좋으나 없는 경우에는 숟가락이나 컵 등으로 측정할 수 있다.
- 사과농부의 계량법은 1큰술은 어른 숟가락 기준이다.

    1큰술 = 1숟가락으로

가루는 숟가락에 수북하게 담고   액체는 넘치지 않을 정도   장류는 볼록하게 올라오도록 담는다.

    1/2큰술 =1/2 숟가락으로

가루는 2/3 정도 담고   액체는 2/3 정도   장류는 숟가락 앞쪽 1/2 정도 담는다.

- 종이컵 하나에 물을 가득 담으면 200ml라고 생각하면 된다. 200ml는 200g과 같고, 200cc와도 같다.

약 200ml = 200g = 200cc

반찬은 오늘 맛있게 먹었어도 내일은 맛없게 느껴질 수 있다. 레시피가 아무리 같다고 해도 반찬을 할 때마다 똑같은 맛을 낼 수 없다. 이 책의 모든 요리 레시피는 2인분 기준 이다. 따라서 조리하는 양이 늘어난다면 책에 표기되어 있는 계량보다 10% 정도 추가하면 된다. 음식은 뭐니 뭐니 해도 간이 맞아야 한다.

당근 1개
400~420g

오이 1개
320~330g

콩나물1봉지
300g

종이컵 1개 (자판기용)
물 200ml

순두부 1개
350g

쪽파 1줌
80~90g

부추 1줌
140~150g

애호박 1개
300g

양배추
1/4쪽

달걀 2개
100g

대파 1뿌리
90~100g

두부 1모
200g

무 1/4개 (중간크기)
200g

시금치 5뿌리
100g

피망, 파프리카 1개
100g

삶은나물 한줌
300g

매월 제철 식재료로 만든
집밥 레시피

1월

제철
식재료

우엉, 삼치, 새조개, 열빙어, 대게, 낙지, 문어,
파래, 과메기, 생굴, 김, 가자미

시래기짜글이

짜글이는 국물을 거의 없이 끓인 찌개 같은 음식을 말한다. 늦가을 무를 수확하고 난 뒤 무청을 말려서 그늘에 걸어두면 겨우내 먹을 수 있는 것이 시래기다. 이 삶은 시래기를 된장에 버무려 청양고추와 멸치를 넣고 졸이면 맛있는 반찬이 된다.

조리전 준비

1 시래기를 적당한 크기로 자른다.

2 청양고추도 송송 썰어둔다.

3 볼에 시래기와 청양고추, 된장을 넣고 조물조물 무쳐서 잠시 재워둔다.

조리하기

4 냄비에 물 500ml를 붓고 재워둔 시래기와 굵은 멸치, 다진마늘을 넣고 국물이 짜박해질 때까지 졸인다.

5 간은 소금 또는 멸치액젓으로 맞춘다.

응용요리

야채짜글이, 스팸짜글이, 애호박짜글이

재료

삶은시래기 300g, 청양고추 3,
굵은 멸치 한줌, 동전육수 3알

양념

된장 2, 다진마늘 1

생굴젓 담기

외할머니는 겨울철이 되면 바닷가에 나가 싱싱한 굴을 따오셔서 쪽파를 가득 넣고 겨우내 먹을 수 있는 반찬을 만드셨다. 겨울철 식재료인 생굴은 11월부터 2월까지가 제철이다. 바다우유라고 불리는 생굴로 맛있는 생굴젓을 담가 먹는다.

재료

생굴 1kg, 청양고추 3, 홍고추 2, 쪽파 한줌

양념

고춧가루 5, 매실청 2, 다진마늘 1,
멸치액젓, 통깨

조리전 준비

1 생굴에 굵은 소금을 뿌려서 물에 담갔다가 체에 받쳐 헹군다.

2 물을 쪽 뺀 후 소금으로 간을 해 상온에서 반나절 정도 지나면 잔물이 생기는데 잔물은 버린다.

3 쪽파는 2cm 크기로 자르고, 청양고추, 홍고추는 송송 썰어둔다.

조리하기

4 큰 볼에 굴을 담고 썰어둔 야채를 넣은 다음 매실청, 다진마늘을 넣고 손으로 조물조물하다가 멸치액젓으로 간을 맞춘다.

5 고춧가루는 기호에 따라 넣고 통깨를 넉넉히 뿌린다.

응용요리

호래기무침

생대구탕

대구는 겨울철 대표 생선이다. 모든 어류는 겨울철에 산란을 위해 몸집을 불리고 지방을 축적하기 때문에 생선이 아주 맛있다. 추운 겨울에 속을 시원하게 풀어주는 진한 겨울 맛을 내는 생대구탕은 다른 반찬이 필요 없을 정도다.

조리전 준비

1   물 4컵에 동전육수와 된장을 넣고 끓인다.
2   무는 썰고, 미나리와 청양고추, 홍고추는 어슷썰기를 해둔다.

조리하기

3   냄비에 육수를 붓고 생대구와 무, 청양고추, 홍고추를 넣고 끓이면서 간은 소금으로 맞춘다.
4   하얀 대구 속살이 익으면 고춧가루는 조금만 넣고, 미나리와 대파, 다진마늘을 넣어 그릇에 담아낸다.

응용요리

생선지리탕, 도다리쑥국, 물메기탕

재료

생대구 1마리, 청양고추 2, 홍고추 1,
미나리 한줌, 무 50g, 대파 1, 동전육수 3알

양념

고춧가루 3, 다진마늘 1, 된장 1

파래물김치

겨울철에 나는 해조류는 파래, 감태, 매생이, 미역, 김, 톳나물, 모자반(모재기) 등 다양하다. 어머니는 그중 파래에 무를 채로 썰어 넣고 육수를 부어 물김치를 만들어 주셨는데, 겨울철 입맛이 없을 때 쌉싸름한 파래 맛을 잊을 수가 없다. 며칠 지나 삭으면 더 맛있는 파래물김치가 된다.

재료

파래 2뭉치, 청양고추 2, 홍고추 1, 쪽파 한줌, 무 50g, 동전육수 3알

양념

멸치액젓 3, 다진마늘 1, 고춧가루 1, 통깨

조리전 준비

1 파래는 흐르는 물에 씻어서 물기를 잘 뺀다.
2 무는 채로 썰고, 청양고추와 홍고추는 다지고, 쪽파는 2cm 크기로 자른다.
3 동전육수 3알을 넣고 육수를 끓여서 식힌다.

조리하기

4 큰 볼에 파래와 야채, 다진마늘을 넣고 육수를 부어 잘 섞어주고, 간은 멸치액젓으로 맞춘다.
5 기호에 따라 고춧가루를 넣을 수 있고, 통깨를 뿌린다.

응용요리

파래무침

문어연포탕

연포탕은 주로 낙지를 사용하는데, 보양식으로 많이 끓여 먹는다. 복날 보양식으로는 삼계탕, 육개장, 민어, 장어탕, 추어탕, 설렁탕, 용봉탕도 있고 전복죽도 즐겨 먹는다. 사과농부도 문어연포탕을 한솥 끓여서 나눠 먹기도 한다.

조리전 준비

1 소금을 넣고 팔팔 끓는 물에 문어를 살짝 데쳐낸다.

2 무와 호박, 두부는 모두 깍둑썰기를 하고, 청양고추와 홍고추는 어슷썰고, 문어도 적당한 크기로 썰어둔다.

3 동전육수와 된장을 넣고 육수를 끓인다.

조리하기

4 육수가 끓으면 문어와 야채를 모두 넣고 국물이 보라색으로 변할 때까지 끓이면 된다.

5 간은 소금으로 맞춘다.

6 다진마늘과 두부, 들깻가루를 넣고 한소끔 끓인 다음 통깨를 뿌려 그릇에 담아낸다.

응용요리

낙지연포탕, 홍합탕, 바지락국

재료

문어 1/2마리, 무 50g, 호박 1/2,
청양고추 2, 홍고추 1, 두부 반모,
동전육수 3알

양념

된장 1, 다진마늘 1, 들깻가루, 소금, 통깨

호래기초고추장무침

경상도에선 꼴뚜기를 '호래기'라 부른다. 늦은 가을부터 겨울이 한창인 11월~1월이 제철인 호래기는 회 등 다양한 요리로 먹는데, 오징어보다 육질이 연해 소화가 잘 되어 소화기능이 약한 어린이나 노인들에게 좋다.

재료

호래기, 양파 1/2, 오이 1/, 당근 1/5, 쪽파와 미나리 각 한줌, 청양고추 3, 홍고추 1

양념

초고추장 6, 고춧가루 2, 다진마늘 1, 설탕 1, 식초 1, 통깨

조리전 준비

1   호래기 다리를 잡아 빼면 딸려 나오는 내장과 등뼈를 제거한다.(호래기 껍질을 벗기면 식감은 부드러우나 쫄깃함이 없다.)

2   모든 야채는 아주 얇게 채썬다.

조리하기

3   넓은 볼에 야채와 호래기를 넣고, 초고추장과 고춧가루, 마늘, 식초를 넣어 조물조물 무친다.

4   통깨를 듬뿍 뿌려 그릇에 담아낸다.

응용요리

5월에 잡히는 호래기는 젓갈을 담근다.

가자미미역국

봄철이면 생각나는 생선이 도다리고 그다음이 가자미다. 도다리는 쑥과 잘 어울려 도다리쑥국을 즐겨 먹곤 하지만, 싱싱하고 살이 통통한 가자미로 미역국을 끓이면 겨울철 입맛을 되찾게 해준다. 미역도 그냥 미역이 아닌 돌미역이면 금상첨화가 아닐까!

조리전 준비

1   가자미를 손질하면서 등에 2~3군데 칼집을 낸다.

2   청양고추도 썰고, 미역도 적당한 크기로 자른다.

3   동전육수와 된장을 넣고 육수를 끓인다.

조리하기

4   육수가 끓으면 미역을 넣고 푹 끓인다. 미역의 진한 맛이 배어 나오면 가자마와 청양고추, 다진마늘을 넣고 한소끔 더 끓이면 된다. (이때 가자미살이 부스러지지 않도록 주의한다.)

5   생선 비린맛을 싫어하면 고추장을 한 스푼 넣으면 한결 감칠맛이 난다.

응용요리

장갱이미역국, 우럭생선미역국, 들깨꼬막미역국

재료

가자미 2마리, 미역 500g, 청양고추 2,
(생선 비린내가 싫으면 필요시 고추장 1),
동전육수 3

양념

된장 1, 고추장 1, 다진마늘 1

소고기미역국

소고기미역국은 아무나 끓일 수 있지만 미역국 맛은 천차만별이다. 끓이는 방법 또한 가지각색, 집집마다 참 다양하다. 사과농부의 소고기미역국 쉽게 끓이는 법을 소개한다.

재료

소고기 300g, 미역 500g, 동전육수 3알

양념

다진마늘 1, 참기름, 후추, 소금

조리전 준비

1 냄비에 고기의 3배 정도 물을 붓고 끓기 시작하면 소금을 조금 넣고 20초 정도만 데쳐낸다. 이렇게 하면 고기 불순물과 핏기가 제거되어 미역국이 깔끔하다.

조리하기

2 냄비에 물을 먼저 붓지 않고 미역을 냄비바닥에 깔아준다. 그런 다음 물을 자작하게 넣고 10분 정도 졸여준다.

3 미역이 졸여지면 물을 더 넣고 데친고기를 넣어 센불에 끓인다.

4 간은 국간장으로 맞춘다.

5 다진마늘과 참기름을 넣고 후추도 조금 뿌려준다.

응용요리

우럭생선미역국

유자청 담그기

추운 겨울이 오면 생각나는 과일이 유자다. '비타민C의 대명사'라 불리는 레몬보다 더 많은 비타민C가 함유되어 있어 특히 감기 예방에 좋다고 한다. 유자는 생으로 섭취해도 좋지만, 청으로 만들어 먹으면 신맛을 줄이고 상큼한 향이 배가된다.

재료

유자 5kg, 설탕 5kg, 밤, 대추

유자청 담기

① 깨끗하게 씻은 유자는 마른수건으로 남은 물기를 완전히 제거해준다.

② 유자를 4등분하여 씨를 뺀다.

③ 유자를 잘게 채썬다.

④ 대추는 씨를 빼고, 대추와 밤은 아주 얇게 채썬다.

⑤ 큰 볼에 유자와 대추, 밤을 모두 넣고 유자와 설탕의 비율은 1 : 1로 하되 기호에 따라 설탕은 조금 가감해도 된다.

2월

달래, 냉이, 씀바귀, 봄동, 유채, 한라봉,
바지락, 물메기, 낙지, 문어, 김, 섬초, 아귀, 도미

문어볶음

명절이나 제사를 지내고 나면 으레 냉장고 속에 남아 있는 것이 있다. 삶은 문어나 황태다. 이 문어를 가지고 야채를 듬뿍 넣어 문어볶음을 만들어 본다.

조리전 준비

1   삶은 문어를 최대한 얇게 포를 뜨듯 썰어둔다.
2   야채도 모두 썰어둔다.

조리하기

3   팬에 식용유를 두르고 야채를 모두 넣고 볶는다.
4   야채가 어느 정도 익으면 썰어둔 문어와 양념을 넣고 볶는다.
5   소금으로 간을 맞추고 참기름을 두른 다음 통깨를 뿌려 접시에 담아낸다.

재료

문어다리 2개, 당근 1/5, 오이 1/2, 양파 1/2, 청양고추 2, 만가닥버섯이나 느타리버섯

양념

고춧가루 3, 고추장 1, 진간장 2, 설탕 1, 맛술 1, 다진마늘 1, 굴소스 1, 후추, 참기름, 통깨

응용요리

주꾸미볶음, 오징어볶음, 낙지볶음

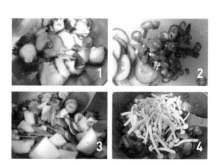

낙지볶음

낙지는 보양식 재료로 알려져 있다. 지방 성분이 거의 없고 타우린과 무기질과 아미노산이 듬뿍 들어 있어 조혈 강장뿐 아니라 칼슘의 흡수와 분해를 도와준다.

재료

낙지 3마리, 오이 1/2, 양파 1/2, 청양고추 2, 홍고추 1, 대파 1

양념

고춧가루 2, 설탕 2, 감자전분 2.5, 다진마늘 1, 후추, 소금, 땅콩가루나 통깨

조리전 준비

1 낙지 다리 사이에 묻어 있는 이물질을 빼내기 위해 소금과 밀가루를 넣고 주물러준다.

2 어느 정도 지나면 낙지에 물이 생기는데, 두세 번 잘 헹궈 물기를 뺀 다음 적당한 크기로 썰어둔다.

3 고춧가루, 설탕, 후추, 소금 그리고 감자전분을 넣고 양념장을 만든다.

4 썰어둔 낙지에 양념장과 다진마늘을 넣고 30분 정도 양념 맛이 배도록 한다.

5 양파, 오이, 청양고추, 홍고추를 썰고, 대파는 손가락 정도 길이로 채썬다.

조리하기

6 달궈진 팬에 식용유를 두르고 야채를 넣고 양파가 익을 때까지 볶는다.

7 낙지를 넣고 야채와 잘 어우러지게 잘 섞어 볶는다.

8 대파와 참기름을 넣고, 간은 멸치액젓으로 맞춘 다음 땅콩가루나 통깨를 뿌려 접시에 담아낸다.

응용요리

주꾸미볶음, 오징어볶음, 문어볶음

물김덖음(볶음)

겨울철 해조류에 미역, 파래, 매생이도 있지만 사과농부가 제일 좋아하는 것은 물김이다. 물김은 부산을 비롯한 남해안 어시장에 가면 쉽게 만날 수 있다. 김에는 단백질과 비타민이 많이 들어 있어 영양이 풍부하다. 어릴 적에 어머니가 자주 해주시던 물김덖음을 소개한다.

조리전 준비

1 물김은 씻어서 짠맛을 뺀다.

조리하기

2 물기를 꼭 짜서 팬에 넣고 보라색 국물이 나올 때까지 볶는다.

3 멸치액젓, 다진마늘, 참기름을 넣고 섞는다.

4 통깨를 뿌려 그릇에 담아낸다.

응용요리

파래조림

재료

물김 3뭉치

양념

멸치액젓 2, 다진마늘 1, 참기름, 통깨

바지락국

봄이 오기 전에 따뜻한 국물이 생각날 때 시원한 바지락국이 제격이다. 바지락국에는 청양고추가 들어가야 칼칼한 맛이 나고, 바지락을 까서 먹으며 바다의 기운도 느낄 수 있다.

재료

바지락 300g, 청양고추 3, 홍고추 1, 양파 1/2, 대파 1, 동전육수 3알

양념

된장 1, 다진마늘 1

조리전 준비

1 바지락은 해감 후 흐르는 물에 씻어서 최대한 물기를 뺀다.
2 청양고추와 홍고추, 양파, 대파는 썰어둔다.
3 동전육수와 된장을 넣고 육수를 끓인다.

조리하기

4 육수가 끓으면 청양고추와 홍고추, 양파를 넣고 다시 끓인다.
5 마지막에 바지락을 넣고 소금으로 간을 맞춘다.
6 불을 끄고 썰어둔 대파를 넣은 다음 그릇에 담아낸다.

응용요리

바지락쑥국

물메기찜, 물메기조림

물메기는 강원도에선 곰치, 경상도에선 물메기라고도 한다. 삐득삐득 말린 물메기에 양념을 발라 찜을 해 먹으면 제맛이 난다. 특히 압력솥에 찌면 뼈까지 물렁해져 버릴 것이 없다. 조림은 국물이 좀 있고, 국물이 적은 물메기 짜글이도 별미다. 물메기 몸통 부분은 찜으로, 머리와 꼬리 부분은 조림용으로 쓴다.

물메기찜 조리법

1 물메기 몸통에 바를 양념장을 만든다.
2 양념장은 진간장 2, 고춧가루 1, 다진마늘 1/2을 넣고 섞는다.
3 물메기 몸통에 양념장을 바르고 찜기나 압력솥에 찐다.
4 송송 썰어둔 쪽파를 뿌려 접시에 담아낸다.

물메기조림 조리법

5 냄비에 쌀뜨물 2컵(400ml)에 동전육수 3알을 넣는다.
6 물메기 머리와 꼬리에 청양고추, 홍고추, 다진마늘 1/2, 된장을 풀고 끓인다.
7 대파를 넣고 소금으로 간을 맞춰 한소끔 더 끓여낸다.

응용요리

반건조된 생선찜, 농어찜

재료

반건조 물메기 2마리

양념

(찜 용) : 고춧가루 1, 진간장 2, 쪽파 한줌
(조림용) : 쌀뜨물, 청양고추 2, 홍고추 1,
　　　　　 대파 1, 다진마늘 1, 된장 1,
　　　　　 동전육수 3알

물메기탕

물메기는 탕으로 끓여 먹고 말려서 찜으로 먹는데, 통영이나 거제, 삼천포 등 남해안에선 겨울철에 곰칫국, 물메기탕을 즐겨 먹는다. 탕은 담백하고 깔끔한 맛이 난다.

재료

물메기 2마리, 미나리 한줌, 청양고추 2,
홍고추 1, 무 100g

양념

고춧가루 2, 다진마늘 1

조리전 준비

1 동전육수 3알을 넣고 육수를 끓인다.
2 무는 얇게 삐져 썰고, 미나리는 길게 잘라둔다.

조리하기

3 육수가 끓으면 무와 청양고추, 된장을 풀고 팔팔 끓인다.
4 물메기를 넣고 미나리, 홍고추를 넣어 계속 끓인다.
5 대파를 넣고 소금으로 간을 맞춰 그릇에 담아낸다.

응용요리

생선탕

소고기떡국

떡국은 흰쌀로 가래떡을 만들어 어슷썰기로 얇게 썰어 맑은 장국에 넣고 끓인 한국의 대표 음식이다. 주로 설날에 즐겨 먹는 소고기떡국 초간편 10분 요리를 소개한다.

조리전 준비

1 육수는 물 6컵(1,200ml)에 동전육수 5알을 넣고 끓인다.
2 떡국떡은 물에 잠시 담가둔다.
3 소고기는 적당한 크기로 썰어 소금과 후추를 넣고 달궈진 팬에 한번 볶아낸다.

조리하기

4 육수가 끓으면 떡과 소고기를 넣고 끓인다.
5 어느 정도 끓으면 다진마늘과 계란, 대파를 넣고 5분 정도 더 끓인다.
6 간은 소금으로 맞추고 기호에 따라 들깻가루나 후추를 넣기도 한다.
7 그릇에 담아내면서 통깨와 김가루를 고명으로 올려준다.

응용요리

닭떡국, 황태떡국, 해물떡국

재료

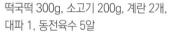

떡국떡 300g, 소고기 200g, 계란 2개, 대파 1, 동전육수 5알

양념

다진마늘 1, 통깨, 김가루

3월

쑥, 달래, 냉이, 원추리, 고들빼기, 돌나물, 두릅, 시금치,
부추, 산마늘, 머위, 풋마늘, 도다리

쪽파조리개

쪽파로 할 수 있는 요리는 쪽파나물무침, 쪽파조리개, 쪽파부침개 등 다양하다. 쪽파는 식재료로 많이 쓰이는데, 봄에 언땅을 뚫고 올라오는 쪽파는 특히 맛있다.

조리전 준비

1   쪽파를 다듬어서 깨끗이 씻은 후 1cm 길이로 자른다.

조리하기

2   쪽파를 볼에 담고 양념을 넣어 잘 버무린다.

3   참기름을 두르고 통깨를 뿌려 담아낸다.

응용요리

쪽파부침개, 쪽파나물무침

재료

쪽파 150g

양념

고춧가루 2, 진간장 2, 멸치액젓 1,
다진마늘 1/2, 참기름, 통깨

쪽파나물무침

언땅을 뚫고 올라온 쪽파는 살이 통통하고 파릇파릇해 새봄에 입맛을 돌게 한다. 이제 농산물은 시설재배로 제철이란 의미가 없는 듯하나, 아직 시골에서는 노지에서 제철에 재배하는 작물들이 제맛을 낸다.

재료

쪽파 300g

양념

고춧가루 2, 멸치액젓 1, 다진마늘 1/2,
참기름, 통깨

조리전 준비

1 쪽파를 다듬어서 깨끗이 씻는다.

2 냄비에 굵은 소금을 넣고 물을 팔팔 끓인다.

조리하기

3 끓는 물에 쪽파를 넣고 냄비에 김이 날 때까지 데친다.

4 데친 쪽파는 찬물에 헹궈 물기를 꼭 짠다.

5 볼에 담고 양념을 넣어 조물조물 무친다.

6 참기름을 두르고 통깨를 뿌려 접시에 담아낸다.

응용요리

쪽파부침개, 쪽파조리개

머위나물무침

대표적인 3대 봄나물은 쑥과 냉이 그리고 머위다. 3말 말경이 되어야 올라오는 고랭지 산머위는 쌉스레한 맛이 강하고 향도 진하다. 봄나물은 간장, 고추장, 된장 무침을 하는데, 사과농부는 멸치액젓과 된장을 반반씩 넣고 나물을 무친다.

조리전 준비

1 머위 뿌리 부분을 잘라내고 다듬어서 씻는다.

2 냄비에 소금을 넣고 거품이 올라올 때까지 머위를 데친다.

3 찬물에 헹군 후 물기를 꼭 짠다.

조리하기

4 머위를 볼에 담고 양념을 넣어 조물조물 무친다.

5 참기름을 두르고 통깨를 뿌려 접시에 담아낸다.

응용요리

머위김밥

재료

머위 300g

양념

멸치액젓 1/2, 된장 1/2, 다진마늘 1/2, 참기름, 통깨

냉이나물무침

대표적인 3대 봄나물 중 하나인 냉이는 3말 말경이 되어야 땅 위로 올라온다. 냉이는 다듬기가 어렵다고 하는데, 묵은 잎만 떼어내고 물에 담가두면 뿌리에 달려 있던 흙이 빠지고, 흐르는 물에 씻으면 된다.

재료

냉이 300g

양념

멸치액젓 1/2, 된장 1/2, 다진마늘 1/2,
참기름, 통깨

조리전 준비

1   냉이 뿌리 부분의 묵은 잎을 떼어내고 잘 다듬는다.
2   냄비에 소금을 넣고 거품이 올라올 때까지 냉이를 데친다.
3   찬물에 헹군 후 물기를 꼭 짠다.

조리하기

4   냉이를 볼에 담고 양념을 넣어 조물조물 무친다.
5   참기름을 두르고 통깨를 뿌려 접시에 담아낸다.

응용요리

냉이김밥, 냉이된장찌개

풋마늘나물무침

풋마늘은 '아직 덜 여문 마늘'이라는 뜻이다. 마늘통이 굵어지기 전의 어린 잎줄기를 나물로 무쳐 먹는다. 남부지방은 8월 중·하순에서 9월 상순에 조생품종을 밀식하여, 이듬해 1월 하순에서 5월 상순 사이에 수확한다. 이맘때 살짝 데쳐서 갖은양념을 넣어 무쳐 먹거나 김치나 볶음 등에도 두루 이용된다.

조리전 준비

1   풋마늘 뿌리 부분을 제거하고 다듬어서 씻는다.
2   냄비에 소금을 넣고 거품이 올라올 때까지 풋마늘을 데친다.
3   찬물에 헹군 후 물기를 꼭 짠다.

조리하기

4   풋마늘을 볼에 담고 양념과 식초를 넣고 조물조물 무친다.
5   참기름을 두르고 통깨를 뿌려 접시에 담아낸다.

응용요리

풋마늘고추장무침

재료

풋마늘 반단 300g

양념

멸치액젓 1/2, 된장 1/2, 다진마늘 1/2,
식초, 참기름, 통깨

시금치된장국

겨울에 얼었다 녹았다를 반복하며 천천히 자란 시금치를 최고로 치는데, 시금치가 얼지 않기 위해 잎사귀의 당도를 올리기 때문이다. 된장국에 시금치를 넣어 끓여서 먹기도 하지만, 대부분 데쳐서 갖은양념을 넣고 무쳐서 나물반찬으로 먹는 경우가 많다. 특히 철분과 엽산이 풍부해 빈혈과 치매 예방에 효과적이다.

재료

시금치 1단, 양파 1/2, 대파 1, 청양고추 3, 홍고추 1, 표고버섯 50g, 동전육수 3알

양념

된장 1, 다진마늘 1

조리전 준비

1   시금치 뿌리 부분을 다듬어서 깨끗이 씻는다.
2   소금을 넣고 팔팔 끓는 물에 시금치를 살짝 데쳐낸다.
3   동전육수와 된장을 넣고 육수를 끓인다.

조리하기

4   육수가 끓으면 데친 시금치와 야채, 다진마늘을 넣고 끓이면서 소금으로 간을 맞춘다.
5   다시 냄비 뚜껑을 닫고 푹 끓여 주면 구수한 시금치된장국이 된다.

응용요리

시금치나물무침

도다리쑥국

봄 도다리, 가을 전어라는 말이 있다. 봄철에 살이 오른 도다리가 영양학적으로도 우수하기 때문이다. 도다리에는 비타민B1, 비타민B2, 철분(1일 섭취량의 9%), 칼슘(1일 섭취량 3%), 인(1일 섭취량의 26%) 등 미네랄이 풍부하다. 여기에 쑥을 더하면 도다리에 부족한 비타민A, 비타민C, 무기질이 풍부해 체질 개선에도 좋다.

조리전 준비

1　냄비에 동전육수와 된장을 넣고 10분 정도 팔팔 끓인다.
2　청양고추와 홍고추, 양파, 대파는 썰어둔다.

조리하기

3　도다리와 청양고추, 홍고추를 넣고 5분간 더 끓인 후 생선 거품을 걷어낸다.
4　다진마늘과 대파를 넣는다.
5　쑥은 향이 날아가지 않도록 맨 마지막에 넣고 소금으로 간을 맞춘다.

응용요리

바지락쑥국

재료

도다리 2마리, 쑥 300g, 청양고추 3,
홍고추 1, 양파 1/2, 대파 1, 동전육수 3알

양념

된장 1, 다진마늘 1

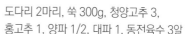

4월

제철
식재료

애호박, 양배추, 두릅, 엄나무순, 취나물, 더덕, 주꾸미,
소라, 도라지, 고사리, 가지, 갑오징어, 꽃게, 키조개

찔레순나물무침

온 세상에 꽃의 향연이 시작되면 찔레꽃도 핀다. 연한 찔레순과 달짝지근한 맛이 나는 하얀 찔레꽃은 주린 배를 채워주던 고마운 식물이었는데, 지금은 약용 또는 건강 식재료로 쓰인다.

1. 혈액 순환을 좋게 하여 어혈을 풀어준다.
2. 찔레순에는 비타민C가 들어 있어 항산화 기능으로 인해 기억력 강화에 도움이 되고, 면역력을 증진시키는 효능이 있다.
3. 찔레순에 들어 있는 사포닌이 콜레스테롤 흡수를 저해하고 배출에 도움을 주는 효능이 있다.
4. 찔레순에는 생장조절 물질이 다량 함유되어 있어 어린이 성장 발육에 도움을 준다.
5. 만성변비에 좋고, 몸의 염증을 제거하며, 신장기능을 개선해 주는 효능이 있다.

재료

찔레순 300g

양념

멸치액젓 1, 다진마늘 1/2, 참기름, 통깨

조리전 준비

1 찔레순은 흐르는 물에 씻는다.

2 냄비에 소금을 넣고 거품이 올라올 때까지 찔레순을 데친다.

3 찬물에 헹군 후 물기를 쪽 짜지 않고 수분을 조금 남긴다.

조리하기

4 찔레순을 볼에 담고 양념을 넣어 조물조물 무친다.

5 참기름을 두르고 통깨를 뿌려 접시에 담아낸다.

응용요리

찔레순장아찌

다래순나물무침

우리나라 산에서 자라는 낙엽 덩굴나무인 다래는 4월이 되면 어린순이 나오고 어린순이 자라서 잎이 된다. 열매는 8월에 나오는데 시판되는 키위, 즉 양다래와 맛이 흡사하다. 다래순 어린잎은 나물로 먹고, 말려서 묵나물로도 즐겨 먹는다.

재료

다래순 300g

양념

멸치액젓 1/2, 된장 1/2, 다진마늘 1/2, 참기름, 통깨

조리전 준비

1 다래순 꼭지 부분의 덧잎을 떼어내고 다듬어서 씻는다.

2 냄비에 소금을 넣고 거품이 올라올 때까지 다래순을 데친다.

3 찬물에 헹군 후 물기를 꼭 짜지 않고 수분을 조금 남긴다.

조리하기

4 다래순을 볼에 담고 양념을 넣어 조물조물 무친다.

5 참기름을 두르고 통깨를 뿌려 접시에 담아낸다.

응용요리

다래순묵나물

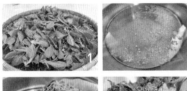

두릅된장무침

두릅은 독특한 향이 나는 산나물로 땅두릅과 나무두릅이 있다. 땅두릅은 4~5월에 땅에서 돋아나는 새순이고, 나무두릅은 나무에 달리는 새순을 말한다. 단백질이 많고 지방, 당질, 섬유질, 인, 칼슘, 철분, 비타민(B1·B2·C), 사포닌 등이 들어 있어 혈당을 내리고 혈중지질을 낮춰 줘 당뇨병, 신장병, 위장병에 좋다. 살짝 데쳐서 초고추장에 무치거나 된장무침도 한다.

조리전 준비

1   두릅 밑둥 부분을 손질하여 다듬어서 씻는다.
2   냄비에 소금을 넣고 거품이 올라올 때까지 두릅을 데친다. (두릅을 데칠 때는 밑둥 부분을 먼저 세워 넣고 데친다.)
3   찬물에 헹군 후 물기를 꼭 짠다.

조리하기

4   두릅을 볼에 담고 양념을 넣어 조물조물 무친다.
5   참기름을 두르고 통깨를 뿌려 접시에 담아낸다.

응용요리

두릅초고추장무침

재료

나무두릅 300g

양념

멸치액젓 1/2, 된장 1/2, 다진마늘 1/2,
참기름, 통깨

엄나무순나물무침

봄철에 엄나무순을 살짝 데쳐서 무쳐 먹으면 독특한 맛과 향이 난다. 단백질이 풍부한 닭과 엄나무를 넣고 삼계탕을 끓여 먹으면 기력을 보충하는 데 좋고, 열량이 적어 다이어트에도 효과적이다. 한방에서는 관절염, 종기, 암, 피부병 등 염증 질환에 탁월한 효과가 있고, 신경통에도 잘 들으며, 만성간염 같은 간장질환에도 효과가 있다고 한다.

재료

엄나무순 300g

양념

멸치액젓 1/2, 된장 1/2, 다진마늘 1/2,
참기름, 통깨

조리전 준비

1 엄나무순 밑둥 부분을 다듬어서 씻는다.

2 냄비에 소금을 넣고 거품이 올라올 때까지 엄나무순을 데친다. (엄나무순을 데칠 때는 밑둥 부분을 먼저 세워 넣고 데친다.)

3 찬물에 헹군 후 물기를 꼭 짠다.

조리하기

4 엄나무순을 볼에 담고 양념을 넣어 조물조물 무친다.

5 참기름을 두르고 통깨를 뿌려 접시에 담아낸다.

응용요리

삼계탕 재료로 활용된다.

취나물무침

취나물은 알싸한 향과 맛으로 식욕을 돋우고 체내 염분을 배출시키는 봄 채소다. 3~5월 야생에서 채취한 취나물도 있고, 시설에서 재배한 것이나 말린 취나물이 유통된다. 각종 비타민과 무기질이 풍부한데, 특히 비타민A 함량이 높다. 체내 노폐물을 배출하고 콜레스테롤 수치를 낮추며, 항산화 작용을 통한 암 예방과 피부 노화 방지에 효능이 있다.

조리전 준비

1   취나물 꼭지 부분의 덧잎을 떼어내고 다듬어서 씻는다.
2   냄비에 소금을 넣고 거품이 올라올 때까지 취나물을 데친다.
3   찬물에 헹군 후 물기를 꼭 짜지 않고 수분을 조금 남긴다.

조리하기

4   취나물을 볼에 담고 양념을 넣고 조물조물 무친다.
5   참기름을 두르고 통깨를 뿌려 접시에 담아낸다.

응용요리

취나물장아찌

재료

취나물 300g

양념

멸치액젓 1/2, 된장 1/2, 다진마늘 1/2, 참기름, 통깨

실치계란국

실치는 베도라치의 치어(새끼)다. 베도라치는 바닷물이 얕은 연안 바위 틈이나 해초에 숨어 살다가 겨울에 해초에 알을 낳아 붙인다. 이 알이 부화하여 치어가 바닷물에 떠다닐 때 그물로 잡는데, 실치잡이는 충남 당진, 보령, 태안 등의 앞바다에서 주로 하며, 특히 당진의 장고항이 실치로 유명하다. 봄이면 실치 축제가 열리기도 한다.

재료

실치 500g, 쪽파 50g, 청양고추 2,
홍고추 1, 계란 2, 동전육수 3알

양념

된장 1, 다진마늘 1, 통깨

조리전 준비

1 실치는 흐르는 물에 씻어 체에 받쳐 물기를 뺀다.

2 동전육수 3알과 된장, 청양고추를 썰어 넣고 육수를 팔팔 끓인다.

3 야채는 적당한 크기로 썰어둔다.

조리하기

4 육수가 팔팔 끓을 때 소금으로 간을 맞춘 다음 실치를 넣고 한소끔 더 끓인다.

5 썰어둔 쪽파와 홍고추를 넣고 계란 2개를 넣어 휘이 저어주면서 다진마늘을 넣고 마무리한다.

6 통깨를 뿌려 큰 사발에 담아낸다.

응용요리

실치회무침

미더덕덮밥

미더덕은 수심 20m 이내의 돌, 바위, 암초 등에 붙어 사는데, 요즘 마산 진동만에서 가두리양식으로 마산의 특산물이 되었다. 모양도 울퉁불퉁 재미있게 생기고 식감도 독특하여 상큼한 바다 내음을 느낄 수 있다. 봄철 입맛을 돋우는 미더덕을 초고추장에 찍어 먹기도 하고 찜이나 된장찌개 등에 넣어 먹기도 한다.

조리전 준비

1 미더덕 겉껍질은 칼로 깎아내고 속껍질은 터뜨려 속을 씻어낸다.
2 씻은 미더덕은 체에 받쳐 물기를 빼고 칼로 다진다.

조리하기

3 그릇에 밥을 담고 미더덕을 올린 다음 미나리와 다진마늘, 초고추장을 넣는다.
4 김가루와 통깨를 뿌려 큰 사발에 담아낸다.

응용요리

미더덕회, 미더덕된장찌개

재료

미더덕 300g, 미나리 50g, 김가루

양념

참기름, 다진마늘, 통깨, 초고추장

주꾸미볶음

주꾸미는 여덟 개의 다리에 2~4줄로 빨판이 있고, 다리 길이는 몸통의 두 배 정도다. 주꾸미가 가장 맛있는 시기는 3월부터 5월 사이이며, 해마다 봄이면 주꾸미 축제가 열릴 만큼 봄에 꼭 맛봐야 하는 해산물이다.

재료

주꾸미 5마리, 오이 1/2, 양파 1/2, 당근 1/5, 청양고추 2, 대파 1, 느타리버섯

양념

고춧가루 2, 설탕 1, 진간장 2, 맛술, 다진마늘 1, 후추, 소금, 통깨

조리전 준비

1   주꾸미는 굵은 소금으로 빡빡 문지르면 이물질이 깨끗하게 떨어져 나간다.

2   주꾸미를 질기지 않고 물기 없이 볶으려면 소금을 조금 넣고 15~30초 정도 데쳐서 하면 좋다.

3   야채는 적당한 크기로 썰어둔다.

조리하기

4   달궈진 팬에 식용유를 두르고 야채를 넣어 어느 정도 익을 때까지 볶는다.

5   당근이 익으면 양념을 한꺼번에 넣고, 적당한 크기로 자른 주꾸미를 그 위에 올린다.

6   양념이 골고루 묻도록 약불에서 잘 저어준다.

7   송송 썬 대파와 통깨를 넉넉히 뿌려 접시에 담아낸다.

응용요리

오징어볶음, 문어볶음

고사리나물볶음

4월이 제철인 고사리는 삶거나 날것으로 소금에 절이거나 말려서 먹는다. 보통 명절에 쓰는 식재료이며 나물과 함께 육개장, 비빔밥에 들어가는 필수 재료다. 섬유질이 많고 비타민C, 비타민B2가 많이 함유되어 있으며, 칼슘이 풍부하여 성장기 아이와 노인들에게도 도움이 된다. 삶을 때 소금을 넣으면 쓴맛을 빼는 데 좋다.

조리전 준비

1   마른고사리는 미지근한 물에 반나절 동안 담가두었다가 푹 삶아 찬물에 담가둔다.

2   물기를 꼭 짜서 먹기 좋은 크기로 잘라준다.

조리하기

3   양념으로 멸치액젓, 진간장, 맛술, 후추를 넣고 조물조물 무친다.

4   달궈진 팬에 다진마늘을 넣고 볶다가 양파를 넣어 좀 더 볶다가 고사리, 고추, 대파를 넣고 볶는다.

5   참기름을 두르고 통깨를 뿌려 접시에 담아낸다.

응용요리

갈치고사리조림, 꽁치고사리조림

재료

고사리 300g, 양파 1, 청양고추 2, 홍고추 1, 대파 1/2

양념

멸치액젓 1, 진간장 1, 맛술 1, 다진마늘 1, 참기름, 통깨, 후추

고사리꽁치조림

고사리는 생선 요리에 자주 이용되기도 하는데, 꽁치와 고등어, 생갈치 조림을 할 때 고사리를 냄비 바닥에 깔고 졸이면 생선도 먹고 양념이 잘 배인 고사리도 맛있게 먹을 수 있다.

재료

꽁치 5마리, 고사리 300g, 양파 1/2, 청양고추 3, 홍고추 1, 무 300g, 대파 1 동전육수 3알

양념

진간장 3, 멸치액젓 2, 고춧가루 3, 된장 1, 다진마늘 1

조리전 준비

1 꽁치는 반으로 잘라 깨끗이 씻어둔다.
2 고사리는 적당히 자르고, 양파와 고추, 대파는 송송 썰고, 무는 넓적하게 썰어둔다.
3 양념은 진간장, 멸치액젓, 고춧가루, 된장, 다진마늘을 넣고 잘 섞어준다.

조리하기

4 냄비에 무를 깔고 그 위에 꽁치, 고사리, 양파, 고추 등을 얹고 준비된 양념과 동전육수 3알을 넣는다.
5 자박자박하게 끓어오르면 국물 맛을 보고 소금으로 간을 맞춘다.
6 대파를 얹어 접시에 담아낸다.

응용요리

고등이고사리조림, 만건조 갈치고사리조림

고사리소고깃국

고사리국은 늦은 봄철 아니면 초여름에 들어설 때 주로 끓여 먹는다. 이 무렵 서서히 더워지기 시작해 입맛도 없고 식욕도 떨어지는 때여서 소고기와 버섯을 넣고 끓인 고사리소고깃국으로 식욕을 되찾을 수 있다.

조리전 준비

1 고사리와 버섯은 적당한 크기로 잘라둔다.

2 냄비에 물을 붓고 동전육수를 넣어 육수를 끓인다.

3 소고기는 잘게 썰어 참기름과 후추, 소금을 넣고 팬에서 한번 볶아낸다.

조리하기

4 육수가 끓으면 볶은 소고기, 고사리, 고추, 버섯을 넣고 다시 센불에 끓인다.

5 국이 팔팔 끓으면 다진마늘과 고춧가루를 넣고 소금으로 간을 맞춘 다음 대파를 넣고 한번 휘저어 준다.

6 참기름을 넣고 후추를 뿌려 그릇에 담아낸다.

응용요리

육개장

재료

고사리 300g, 소고기 300g,
느타리버섯 300g, 대파 1, 청양고추 2,
홍고추 1, 동전육수 3알

양념

고춧가루 3, 다진마늘 1, 참기름, 후추

5월

제철
식재료

오이, 버섯류, 죽순, 상추, 쑥갓, 마늘종, 매실, 키조개,
참다랑어, 소라, 꼴뚜기, 재첩, 뱅어, 밴댕이, 갑오징어

상추겉절이

5월 텃밭엔 이른 봄에 씨를 뿌린 상추와 쑥갓이 서로 경
쟁을 하듯 올라온다. 이때 솎아낸 상추로 겉절이를 만들
어 먹으면 맛있다. 마트에서 파는 상추 중에 작고 부드러
운 것으로 겉절이를 해도 좋다.

조리전 준비

1   상추를 깨끗이 씻은 후 물기를 최대한 제거한다.

조리하기

2   볼에 상추를 담고 양념과 식초, 참기름을 넣어 잘
    버무린다.

3   참기름을 두르고 통깨를 뿌려 그릇에 담아낸다.

응용요리

쪽파조리개

재료

상추 300g

양념

고춧가루 3, 멸치액젓 1, 다진마늘 1/2,
식초 1/2, 참기름, 통깨

봄멸치조림

5월이 되면 텃밭에는 상추가 자라고 바다에서는 봄멸치가 잡힌다. 이때 꼭 먹어줘야 하는 것이 봄멸치 쌈밥이다. 우리 외할머니는 멸치조림에 풋마늘대를 서너 개 송송 썰어 넣고 조림을 했다.

재료

봄멸치, 풋마늘 3, 양파 1, 청양고추 5,
쪽파 5뿌리, 홍고추 1, 동전육수 3알

양념

된장 1, 다진마늘 1, 진간장 3, 고추장 1,
고춧가루 3

조리전 준비

1 야채는 모두 송송 썰어둔다.
2 양념은 된장, 다진마늘, 진간장, 고추장, 고춧가루 그리고 물 1컵(200ml)을 넣어 만든다.

조리하기

3 냄비 바닥에 다진 양파를 깔고 그 위에 생멸치를 올린다.
4 냄비를 불에 올리고 풋마늘, 청양고추, 홍고추, 동전육수 3알을 넣고 끓인다.
5 자박자박하게 끓어오르면 소금으로 간을 맞춘다.
6 쪽파를 뿌려 접시에 담아낸다.

응용요리

싱싱한 상추에 밥과 멸치조림 한 스푼, 쌈장을 올려 먹어야 제맛이다.

뽕나무잎된장무침

뽕잎은 주로 5월에 나물로 먹는다. 철분, 칼슘, 섬유질이 풍부한 뽕잎은 당뇨병과 고혈압, 동맥경화, 장 활성화, 변비 개선 등에 효능이 있다고 한다.

조리전 준비

1   어린 오디가 달려 있으면 떼어내고 다듬어서 씻는다.

2   냄비에 소금을 넣고 거품이 올라올 때까지 뽕잎을 데친다.

3   찬물에 헹군 후 물기를 쪽 짜지 않고 수분을 조금 남긴다.

조리하기

4   뽕잎을 볼에 담고 양념을 넣어 조물조물 무친다.

5   참기름을 두르고 통깨를 뿌려 접시에 담아낸다.

응용요리

뽕나무잎쌈

재료

뽕나무잎 300g

양념

멸치액젓 1/2, 된장 1/2, 다진마늘 1/2, 참기름, 통깨

머윗대생새우조림

향긋한 머위나물을 무쳐 먹던 기억이 사라지기 전에 머윗대의 아삭한 맛이 그리워진다. 시골밥상의 단골 반찬인 머윗대에 생새우를 넣고 조림을 해 본다. 색다른 맛을 기대해도 좋다.

재료

생새우 12마리, 머윗대 300g,
청양고추 3, 홍고추 1, 동전육수 3알

양념

멸치액젓 2, 들깻가루, 된장 1, 다진마늘 1

조리전 준비

1   머윗대 껍질을 벗긴 다음 소금을 조금 넣고 삶는다.
2   머윗대의 쌉싸름한 맛이 싫으면 찬물에 담가 우려낸 뒤 조리한다.

조리하기

3   냄비에 머윗대와 새우를 적당한 크기로 잘라서 넣고 물 1컵에 된장, 청양고추, 홍고추, 동전육수 3알을 넣고 끓인다.
4   자박자박하게 끓어오르면 멸치액젓으로 간을 맞추고 다진마늘도 넣는다.
5   들깻가루를 넣고 한소끔 더 끓인 다음 그릇에 담아낸다.

응용요리

머윗대국, 머윗대탕

상추된장국

상추된장국이 무슨 맛일까 하지만, 뜨거운 국물에 상추의 아삭함이 살아 있어 냉장고에 잠자고 있는 상추를 재활용할 수 있는 좋은 방법이 상추된장국이다. 구수한 된장국과 아삭한 상추 맛을 곁들인 상추된장국은 이맘때 시골밥상에 딱 어울리는 국이다.

조리전 준비

1 물 3컵에 동전육수 3알과 된장을 넣고 육수를 끓인다.

조리하기

2 육수가 팔팔 끓으면 썰어둔 야채를 넣고 한 번 더 팔팔 끓인다.

3 간은 소금으로 맞추고 다진마늘과 상추를 넣고 한소끔 더 끓인다.

4 통깨를 뿌려 그릇에 담아낸다.

응용요리

상추겉절이, 상추물김치, 상추샐러드

재료

상추 300g, 양파 1/2, 표고버섯 50g, 청양고추 2, 홍고추 1, 동전육수 3알

양념

된장 1, 다진마늘 1/2, 통깨

청경채나물무침

중국 화중 지방이 원산지인 청경채는 잎과 줄기가 푸른 색을 띤 데서 유래하였고, 한자 그대로 풀이하면 '푸른 줄기 나물'이다. 중국 요리에 많이 사용되는 채소로, 기름에 볶거나 물에 데치는 등 열을 약간 가해서 색감을 돋우고 줄기의 아삭한 식감을 살려 나물로 무쳐 먹는다.

재료

청경채 300g, 홍고추 1, 당근 1/5

양념

멸치액젓 1, 다진마늘 1/2, 참기름, 통깨

조리전 준비

1 먼저 굵은 소금을 넣고 물을 팔팔 끓인 다음 청경채를 넣고 1분 정도 데쳐낸다.

조리하기

2 찬물에 헹궈 물기를 꼭 짜서 볼에 담고, 홍고추와 당근, 다진마늘, 멸치액젓을 넣어 무친다.

3 참기름을 두르고 통깨를 뿌려 그릇에 담아낸다.

응용요리

칡순나물무침

5월에 우리 입맛을 돋게 하는 식재료는 칡순나물과 마늘 종이다. 특히 칡순은 부드럽고 연해 나물로 무쳐 먹거나 말려서 차로 마시기도 한다. 칡순은 기력을 보하는 효과가 녹용에 버금간다고 하여 갈용이라고도 부른다. 나물로 쓰는 칡순은 잎이 나오는 둘째 순까지만 꺾어 된장무침이나 초고추장무침을 해서 먹는다.

조리전 준비

1 칡순은 3cm 크기로 잘라 소금을 조금 넣고 충분히 삶는다.

조리하기

2 볼에 삶은 칡순과 양념을 넣고 골고루 무쳐지도록 잘 비벼준다.

3 참기름을 두르고 통깨를 뿌려 그릇에 담아낸다.

응용요리

칡순마늘종볶음

재료

칡순 100g

양념

올리고당 1, 간장 1, 고추장 1, 다진마늘 1/2, 참기름, 통깨

쑥갓나물무침

지중해 연안이 원산지인 쑥갓은 한국, 중국, 일본 등지에서도 식용 채소로 널리 쓰이고 있다. 열량은 100g에 26kcal밖에 되지 않은 데다 소화가 잘 되는 알카리성 채소로 인기가 높다.

재료

쑥갓 300g

양념

멸치액젓 1/2, 된장 1/2, 다진마늘 1/2, 참기름, 통깨

조리전 준비

1   쑥갓은 먹기 좋은 크기로 다듬어서 씻는다.
2   냄비에 소금을 넣고 거품이 올라올 때까지 쑥갓을 데친다.
3   찬물에 헹군 후 물기를 꼭 짠다.

조리하기

4   쑥갓을 볼에 담고 양념을 넣어 조물조물 무친다.
5   참기름을 두르고 통깨를 뿌려 접시에 담아낸다.

응용요리

상추쑥갓샐러드

마늘종요리

마늘종(마늘쫑)은 마늘 특유의 매운맛을 지니고 있지만 마늘만큼 냄새가 심하지 않아 나물 등의 요리에 이용된다. 영양소로는 방향 성분인 유화아릴이 함유되어 비타민B군의 흡수를 촉진시킴으로써 강장 작용과 항균 및 항산화 작용을 한다. 혈액 순환을 원활하게 하여 몸이 찬 여성들이 먹으면 좋다. 비타민A를 효과적으로 섭취하려면 생으로 볶아 먹는 것이 좋다. 국내산 마늘종은 5월 초부터 수확한다.

조리전 준비

1   마늘종은 씻어서 적당한 크기로 잘라 소금 푼 물에 데친다.
2   주걱으로 건져서 만져 어느 정도 익었으면 찬물에 헹궈 건져둔다.

조리하기

3   마늘종을 볼에 담고 양념을 넣어 조물조물 무친다.
4   참기름을 두르고 통깨를 뿌려 접시에 담아낸다.

응용요리

마늘종죽순볶음, 마늘종오징어볶음, 꽈리고추마늘종볶음, 주꾸미마늘종볶음

재료

마늘종 300g

양념

멸치액젓 1, 고춧가루 1, 다진마늘 1/2, 참기름, 통깨

6월

제철
식재료

감자. 마늘종, 고추곁순, 메밀순, 참외, 복분자,
살구, 오렌지, 토마토, 파프리카, 전복

상추샐러드

다양한 식재료를 소스에 버무린 샐러드는 주로 야채로
만든다. 텃밭에 넘쳐나는 상추를 활용하여 상추샐러드를
만들어 다이어트 대용으로 먹어보자.

조리전 준비

1   상추와 쑥갓은 적당한 크기로 자른다.

2   양파, 사과, 방울토마토도 적당한 크기로 자른다.

조리하기

3   소스에 상추, 쑥갓, 양파, 토마토, 사과를 넣고
     잘 섞어준다.

4   참기름을 두르고 통깨를 뿌려 그릇에 담아낸다.

응용요리

상추조리개

재료

상추 300g, 쑥갓 50g,
양파 1/2, 방울토마토 10, 사과 1

양념

샐러드 소스 : 멸치액젓 1, 매실청 1, 식초 1,
설탕 1/2, 다진마늘 1/2, 물엿 1, 참기름, 통깨

상추물김치

소금에 절이지 않은 상추로 물김치를 담그면 아삭하고 쌉쌀한 맛이 일품이다. 입맛을 잃기 쉬운 여름철, 국물이 필요할 때 상추물김치를 먹으면 속이 시원해진다.

재료

상추 500g, 쑥갓 150g, 찹쌀가루, 양파 1, 오이 1, 쪽파 50g, 홍고추 2, 청양고추 3, 풋고추 3, 당근 1/4

양념

새우젓, 멸치액젓, 다진마늘, 생강, 매실청, 사과즙은 옵션

조리전 준비

1 먼저 상추와 쑥갓은 잘 씻어 물기를 빼둔다.

2 찹쌀가루로 물풀을 쓴다.

3 양파, 홍고추, 청양고추, 풋고추는 믹서기에 간다.

4 양파, 오이, 당근은 가늘게 채썬다.

조리하기

5 물풀에 나머지 야채를 넣고 새우젓과 멸치액젓으로 간을 맞춘다.

6 상추를 적당한 크기로 잘라 넣고 잘 저어 상추의 깊은 맛이 배도록 한나절 정도 상온에 두었다가 냉장 보관한다.

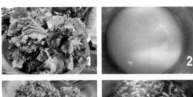

응용요리

상추김치

고추곁순나물무침

고추 모종을 밭에 옮겨 심으면 땅심을 받아 자라면서 고추곁순이 나오기 시작한다. 이 곁순을 따서 나물로 무쳐 먹는다. 고춧잎에는 비타민 함량이 고추보다 70%나 높고, 고춧잎에는 비타민A. 비타민C, 칼슘, 베타카로틴, 식이섬유 등이 풍부하다. 고추곁순은 이맘때만 먹을 수 있는 비타민 덩어리다.

조리전 준비

1 고추곁순잎은 다듬어서 씻는다.
2 냄비에 소금을 넣고 거품이 올라올 때까지 고춧잎을 데친다.
3 찬물에 헹군 후 물기를 꼭 짠다.

조리하기

4 고춧잎을 볼에 담고 양념을 넣어 조물조물 무친다.
5 참기름을 두르고 통깨를 뿌려 접시에 담아낸다.

응용요리

기호에 따라 고춧가루를 넣을 수 있다.

재료

고추곁순잎 150g

양념

멸치액젓 1, 다진마늘 1/2, 참기름, 통깨

메밀나물무침

메밀은 나물로 먹기보다는 가루를 내어 국수, 냉면, 묵, 만두, 전병 등 다양한 음식 재료로 사용되며, 혈관 등 순환기 계통의 기능을 높이는 약재로도 널리 활용된다. 메밀에는 탄수화물, 단백질, 지질, 무기질, 비타민 등이 함유되어 있으며, 특히 곡류에 결핍되어 있는 라이신 함량이 높은 편이다. 메밀은 찬 성질을 갖고 있어 체내에 열을 내려주고 염증을 가라앉히는 역할을 하지만, 소화 기능이 약한 사람은 메밀 섭취를 줄이는 것이 좋다.

재료

메밀나물 150g

양념

멸치액젓 1/2, 된장 1/2, 다진마늘 1/2, 참기름, 통깨

조리전 준비

1 메밀나물은 다듬어서 씻는다.
2 냄비에 소금을 넣고 살짝 데쳐낸다. 메밀나물은 오래 삶으면 잎이 물러져서 식감이 좋지 않다.
3 찬물에 헹군 후 물기를 꼭 짠다.

조리하기

4 메밀나물을 볼에 담고 양념을 넣어 조물조물 무친다.
5 참기름을 두르고 통깨를 뿌려 접시에 담아낸다.

응용요리

메밀나물전, 메밀나물국수

비름나물무침

이맘때가 되면 외할머니는 꼭 비름나물을 무쳐 주셨다. 비름나물은 칼슘과 철분이 풍부해 뼈건강, 빈혈 예방에 좋고 항암작용, 노화방지, 또 아미노산이 많아 간기능 향상과 피로 회복에 도움을 주며, 여드름과 죽은깨 등 피부 질환에 좋다. 비름나물은 주로 된장, 간장, 고추장을 넣고 참기름을 듬뿍 넣어 무친다. 참기름이 부족한 지방산을 보충해 주며 지용성 비타민의 흡수를 돕는다.

조리전 준비

1   비름나물은 다듬어서 씻는다.
2   냄비에 소금을 넣고 살짝 데쳐낸다. 비름나물은 오래 삶으면 잎이 물러져서 식감이 좋지 않다.
3   찬물에 헹군 후 물기를 꼭 짜둔다.

조리하기

4   비름나물을 볼에 담고 양념을 넣어 조물조물 무친다.
5   참기름을 듬뿍 두르고 통깨를 뿌려 접시에 담아낸다.

응용요리

비름나물고추장무침

재료

비름나물 150g

양념

멸치액젓 1/2, 된장 1/2, 다진마늘 1/2,
참기름, 통깨

상추김치

거창읍 옥이식당에 돼지국밥을 먹으러 갔는데 아주 색다른 맛이 나는 반찬이 있어 물어보니 상추김치라고 한다. 텃밭에 여름 상추가 나날이 폭풍 성장하므로 상추김치를 담가본다.

재료

상추 500g, 쑥갓 150g ,찹쌀가루, 양파 1, 오이 1, 쪽파 50g, 홍고추 2, 청양고추 3, 풋고추 3, 당근 1/4

양념

새우젓, 멸치액젓, 다진마늘, 생강, 매실청, 사과즙은 옵션

조리전 준비

1   상추와 쑥갓은 잘 씻어서 물기를 빼둔다.
2   찹쌀가루로 물풀을 쓴다.
3   양파와 홍고추, 청양고추, 풋고추를 믹서기에 갈고, 양파, 오이, 당근은 가늘게 채썬다.

조리하기

4   물풀에 야채를 모두 넣고 멸치액젓으로 간을 맞춘다.
5   상추를 적당한 크기로 잘라 넣고 잘 저어 상추의 깊은 맛이 배도록 한나절 정도 상온에 두었다가 냉장 보관한다.

응용요리

상추물김치

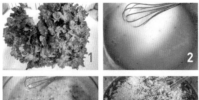
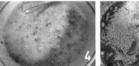

머윗대들깨탕

머윗대를 삶아 조갯살과 들깻가루를 푸짐하게 넣고 자박
하게 머윗대들깨탕을 끓여본다. 조림과 탕과 국의 차이
는 국물의 많고 적음이다.

조리전 준비

1   머윗대는 적당한 크기로 잘라 놓는다.
2   냄비에 물 1컵을 부은 다음 머윗대와 된장, 청양고추,
    홍고추, 동전육수 3알을 넣고 끓인다.

조리하기

3   자박박박 끓어오르면 바지락을 넣고 멸치액젓으로
    간을 맞춘 다음 다진마늘을 넣는다.
4   들깻가루를 넣고 한소끔 더 끓인 후 그릇에 담아낸다.

응용요리

머윗대조림

재료

머윗대 300g, 바지락 150g, 청양고추 3,
홍고추 1

양념

된장 1, 다진마늘 1/2, 동전육수 3알,
들깻가루

알감자조림

하지에 캐는 감자는 6월 제철 식재료로 많이 쓰인다. 감자 중에 청포도알만 한 동글동글한 알감자만 골라서 윤기나는 양념옷을 입혀 만든 알감자조림은 이맘때 기본 반찬으로 제격이다.

재료

알감자 50알, 청양고추 2. 홍고추 1, 동전육수 3알

양념

진간장 5, 맛술 3, 설탕 1, 물엿, 참기름 1/2, 통깨

조리전 준비

1   알감자는 깨끗이 씻어서 물기를 빼둔다.

조리하기

2   냄비에 알감자를 넣고 잠길 정도로 물을 부어 익히는데, 소금과 동전육수를 넣어준다.

3   알감자는 젓가락이 들어갈 정도로 익히면 된다.

4   팬에 약간의 식용유를 두르고 삶은 알감자를 살짝 볶다가 진간장, 맛술, 설탕, 물엿, 청양고추, 홍고추를 넣고 국물이 자작자작해질 때까지 졸인 후 물엿을 넣는다.

5   통깨를 뿌려 그릇에 담아낸다

응용요리

감자갈치조림, 감자볶음

감자낙지볶음

감자볶음에 낙지를 넣어 감자낙지볶음을 하는데, 감자를 채썰 때 감자심이 있는 결대로 썰어야 부서지지 않는다. 감자볶음 할 때 바로 조리하면 녹말 성분 때문에 엉겨붙어 보기에 좋지 않으므로 찬물이나 옅은 소금물에 담갔다가 볶는다.

조리전 준비

1 낙지는 깨끗이 씻어 소금을 조금 넣고 살짝 데친 다음 적당한 크기로 잘라준다.

2 감자는 껍질을 벗기고 채썰어 찬물이나 옅은 소금물에 5분 정도 담가 녹말기를 뺀다.

조리하기

3 팬을 달궈 식용유를 두르고 양파와 감자를 볶는다.

4 감자가 적당히 익으면 데쳐둔 낙지를 넣고 소금과 후춧가루로 간을 맞춘다.

5 참기름과 깨소금을 넣고 그릇에 담아낸다.

응용요리

감자갈치조림, 알감자조림

재료

감자 300g, 낙지 2마리, 양파 1/2

양념

소금, 후춧가루, 참기름, 깨소금

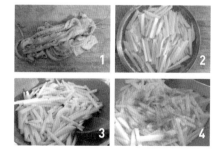

감자갈치조림

여름에 제철 생선인 갈치에 역시 하지 무렵에 수확한 감자를 넣어 감자갈치조림을 해본다.

재료

갈치 1마리, 감자 2, 양파 1/2, 청양고추 3, 홍고추 1, 대파 1, 동전육수 3알

양념

진간장 3, 멸치액젓 2, 고춧가루 3, 된장 1, 다진마늘 1

조리전 준비

1 갈치는 잘 씻어서 적당한 크기로 토막을 낸다.
2 감자는 납작하게 썬다.

조리하기

3 양념은 진간장, 멸치액젓, 고춧가루, 된장, 다진마늘을 넣고 잘 섞는다.
4 냄비 바닥에 감자를 깔고, 그 위에 갈치, 양파, 고추 등을 얹어 준비된 양념과 동전육수 3알을 넣는다.
5 자박자박하게 끓어오르면 소금으로 간을 맞춘다.
6 송송 썬 대파를 넣고 접시에 담아낸다.

응용요리

감자꽁치조림, 감자볶음

양파볶음

6월 하순에 수확하는 양파도 우리나라 음식에 가장 많이 쓰이는 필수 식재료다. 양파가 들어가지 않는 음식이 드물다고 할 정도다. 양파는 매운맛을 내는 알리신이 함유되어 있어 맵고 단맛이 나며, 항산화 작용과 혈중 콜레스테롤 수치를 낮춰 주는 효능을 가지고 있다. 돼지고기와 함께 먹으면 피를 맑게 해주는 효과가 있다.

조리전 준비

1   양파 껍질을 벗기고 반으로 잘라 4등분한다.

2   청양고추, 홍고추도 송송 썰어둔다,

조리하기

3   달군 팬에 들기름을 두르고 양파를 넣은 다음 소금을 넣고 볶는다.

4   양파가 적당히 익으면 청양고추, 홍고추, 다진마늘을 넣고 소금으로 간을 맞춘다.

5   참기름을 두르고 후추, 통깨를 뿌려 그릇에 담아낸다.

응용요리

가지양파볶음, 양파전복볶음, 양파오징어볶음

재료

양파 2개, 청양고추 2, 홍고추 1

양념

다진마늘, 소금, 후춧가루, 참기름, 들기름, 통깨

양파김치

하루에 양파 100g씩만 먹으면 혈당 수치가 현저히 감소한다고 한다. 단백질, 탄수화물, 비타민C, 칼슘, 인, 철 등의 영양소가 다량 함유되어 있고, 특히 퀘르세틴이라는 성분은 혈압을 낮추는 데 효과가 있다. 돼지고기와 함께 먹으면 피를 맑게 해주는 효과를 볼 수 있다.

재료

양파 3개, 쪽파 한줌

양념

매실청 2, 물엿 2, 멸치액젓, 고춧가루 3, 통깨

조리전 준비

1 양파 껍질을 벗겨 반으로 잘라 굵직하게 4등분한다.
2 큰 볼에 양파를 담고 멸치액젓을 넣어 30분 정도 절이는 동안 중간중간에 뒤집어 준다.
3 쪽파도 적당한 크기로 썰어둔다.
4 양념은 매실청, 물엿, 고춧가루, 통깨를 넣어 잘 섞는다.
5 양파를 절였던 액젓을 양념에 붓고 잘 섞는다.

조리하기

6 큰 볼에 양파, 쪽파, 양념을 모두 넣고 잘 섞어 양념이 양파에 골고루 배도록 한다.
7 통깨를 넉넉히 뿌린다.

응용요리

상추김치

들깨순조림

6월 말경 감자를 수확하고 난 밭에 들깨 모종을 옮겨 심는다. 이때 들깨 어린순에 잔멸치를 넣고 짭조름하게 들깨순조림을 한다. 바닷가에 사셨던 외할머니가 들깨순에 잔멸치를 넣어 조림을 자주 만들어 주셨다.

조리전 준비

1   부드러운 들깨순은 잘 씻어둔다.
2   청양고추와 홍고추도 잘게 썰어둔다.

조리하기

3   냄비에 물을 붓고 들깨순에 잔멸치를 올린 다음 동전육수와 청양고추, 홍고추, 고춧가루, 다진마늘을 넣고 끓인다.
4   참기름을 두르고 통깨를 뿌려 접시에 담아낸다.

응용요리

깻잎순김치, 깻잎순나물무침

재료

들깨순 300g, 잔멸치 50g, 청양고추 2,
홍고추 1, 동전육수 2알

양념

고춧가루 3, 진간장 2, 다진마늘 1

7월

제철
식재료

보리, 매실, 오미자. 옥수수, 블루베리, 수박, 복숭아,
아욱, 애호박, 가지, 햇밀, 열무, 자두, 구기자, 부추,
전갱이, 붕장어, 갈치

감자꽁치통조림

통조림 하면 고등어통조림과 꽁치통조림이 떠오른다. 즉석반찬으로 꽁치통조림에 감자를 넣어 감자꽁치통조림 요리를 해본다.

조리전 준비

1. 감자는 넓적하게 자르고, 양파, 청양고추, 홍고추, 대파는 채썬다.
2. 양념은 진간장, 멸치액젓, 고춧가루, 된장, 다진마늘을 넣고 물을 조금 부어 잘 섞어준다.

조리하기

3. 냄비 바닥에 감자를 깔고 그 위에 꽁치통조림, 양파, 고추 등을 얹고 준비된 양념과 동전육수 3알을 넣는다.
4. 자박자박 끓어오르면 소금으로 간을 맞춘다.
5. 송송 썬 대파를 넣어 접시에 담아낸다.

응용요리

감자고등어조림, 감자볶음

재료

꽁치통조림 1, 감자 300g 2개, 양파 1/2, 청양고추 3, 홍고추 1, 대파 1, 동전육수 3알

양념

진간장 3, 멸치액젓 2, 고춧가루 3, 된장 1, 다진마늘 1

전갱이감자조림

경상도와 부산 지역에서 '메가리'라고 부르는 전갱이는 고등어와 사촌인 등푸른생선이다. 감칠맛이 나며 생선 비린내가 거의 없어 초밥 재료로도 많이 쓰인다. 전갱이를 손질할 때 몸 가운데 길게 난 가시는 꼬리 부분에서 머리 쪽으로 도려내듯 껍질째 잘라내면 된다.

재료

전갱이 3마리, 감자 2, 양파 1/2, 청양고추 3, 홍고추 1, 대파 1, 동전육수 3알

양념

진간장 3, 멸치액젓 2, 고춧가루 3, 된장 1, 다진마늘 1

조리전 준비

1 전갱이는 잘 씻어서 토막을 낸다.

2 감자는 넓적하게 자르고, 양파와 청양고추, 홍고추, 대파는 채썬다.

3 양념은 진간장, 멸치액젓, 고춧가루, 된장, 다진마늘을 넣고 물을 조금 부어 잘 섞어 준다.

조리하기

4 냄비 바닥에 감자를 깔고 그 위에 전갱이, 양파, 고추 등을 얹어 준비된 양념과 동전육수 3알을 넣는다.

5 자박자박 끓어오르면 소금으로 간을 맞춘다.

6 송송 썬 대파를 얹어 접시에 담아낸다.

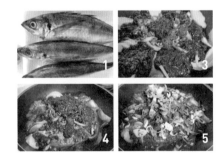

응용요리

감자고등어조림, 꽁치감자조림

호박잎쌈과 강된장

7월이 되면 호박이 땅심을 받아 땅따먹기 하듯 뻗어 나
간다. 호박잎은 부드럽고 어른 손바닥만 한 두 번째 잎을
살짝 쪄서 먹는데, 줄기 부분에서 잎 쪽으로 난 심을 떼
어내고 흐르는 물에 씻어서 찐다. 호박잎이 쪄지는 동안
강된장을 끓인다. 호박잎쌈에는 강된장이 최고다.

호박잎 찌기

1   찜솥에 물을 넣고 찜판 위에 호박잎을 올려 10분 정도
    지나면 호박잎을 한 번 뒤집어 주고, 5분 뒤 불을 끄고
    뚜껑을 열어 식힌다.

강된장 조리법

2   양파, 감자, 애호박, 청양고추는 깍둑썬다.

3   냄비에 물 1컵을 붓고 된장을 풀어, 썰어 둔 야채와 동
    전육수를 넣고 국물이 자박해질 때까지 졸인다.

4   자박자박 국물이 졸아들면 다진마늘을 넣고 멸치액젓
    으로 간을 맞춘다.

5   송송 썬 쪽파를 얹어 대접에 담고, 찐 호박잎과 상을
    차린다.

응용요리

멸치조림상추쌈

재료

부드러운 호박잎 30장
강된장 재료 : 된장 2, 양파 1/2, 감자 1/2,
청양고추 3, 애호박 1/3, 쪽파, 동전육수 3알

양념

다진마늘 1, 멸치액젓

가지나물무침

7월에는 텃밭이나 마트에 야채가 풍성하다. 특히 24절기 중 대서(大暑) 무렵에는 참외, 수박 등 맛있는 과일도 쏟아져 나오고, 텃밭에는 가지, 오이, 호박 등이 왕성하게 자란다. 7월이 제철인 가지나물무침을 할 때 영양분이 많은 껍질째 요리를 해야 한다.

재료

가지 3

양념

멸치액젓 1, 다진마늘 1, 참기름, 통깨

조리전 준비

1   가지는 크기에 따라 2~3등분, 두께에 따라 3~4등분으로 자른다.

2   찜기에 물을 붓고 가지를 나란히 펴서 소금을 뿌린다.

3   15분 정도 지나 불을 끄고 뚜껑을 열고 가지를 식힌다.

4   가지가 식으면 한 줌씩 뭉쳐서 수분을 최대한 짜준다.

조리하기

5   볼에 가지를 넣고 멸치액젓, 다진마늘, 참기름, 통깨를 넣고 젓가락으로 잘 섞어 그릇에 담아낸다.

응용요리

가지양파볶음

비타민고추오이된장무침

비타민고추는 보통 고추보다 비타민A와 비타민C가 풍부하며, 사과의 20배에 해당하는 비타민C가 들어 있어 '미인고추'라고도 한다. 이 비타민고추는 된장이나 막장에 그냥 찍어 먹어도 훌륭한 여름 반찬이 되며, 여름철에 1분 뚝딱요리로 비타민고추오이된장무침을 할 수 있다.

조리전 준비

1   오이 1개를 4등분해 수분이 생기지 않도록 가운데 씨 부분을 도려낸 후 적당한 크기로 잘라 소금에 잠시 절여둔다.

2   비타민고추도 적당한 크기로 잘라준다.

3   볼에 양념장을 만든다.

4   소금에 절인 오이는 체에 받쳐 물기를 빼고 마른수건으로 남은 수분도 닦아낸다.

조리하기

5   오이와 비타민고추를 볼에 넣고 양념장을 잘 섞어 주면 여름 반찬으로 비타민고추오이된장무침이 완성된다.

6   참기름을 두르고 통깨를 뿌려 담아낸다.

응용요리

노각오이무침

재료

비타민고추 10, 오이 1

양념

된장 2, 고추장 1/2, 고춧가루 1/2, 다진마늘 1, 물엿 또는 올리고당 1, 매실청 1, 참기름, 통깨

부추짜박이와 부추간장양념장

지방에 따라 정구지, 부채, 부초, 소풀이라고도 부르는 부추는 한 번 씨를 뿌리면 다음 해부터 싹이 돋아나 계속 자란다. 봄부터 가을까지 3~4회 잎이 돋아나며, 비타민 A와 C가 풍부하고 독특한 향미가 있다. 부추짜박이는 밥이나 국수 양념장으로, 또는 두부나 어묵, 생선구이에 얹어서 먹을 수 있는 만능 양념장이다.

 재료

부추 1줌, 양파 1/2, 청양고추 2

 양념

진간장 3, 멸치액젓 1, 매실청 2, 고춧가루 1, 다진마늘 1, 설탕 1, 참기름, 통깨

조리전 준비

1 부추는 송송 썰고, 양파는 한쪽 끝을 조금 남겨두고 가로로 칼집을 내어 썬다.

2 청양고추도 송송 썰어 넣고 양념장을 만든다.

조리하기

3 부추, 양파, 청양고추를 볼에 담고 양념장을 넣어 잘 버무려준다.

4 참기름을 두르고 통깨를 뿌린다.

5 냉장고에서 숙성되면 더욱 맛있다.

응용요리

부추겉절이

애호박짜글이

짜글이는 찌개보다 물이 적지만, 제육볶음이나 두루치기처럼 물이 없는 것은 아니다. 즉 찌개와 볶음의 중간 정도이며, 국물을 졸여 밥과 '비벼먹기' 좋게 만든 것이다.

조리전 준비

1 호박을 적당한 크기로 자른 후 멸치액젓으로 밑간을 한다.

2 양파와 당근, 청양고추, 홍고추도 적당한 크기로 잘라둔다.

조리하기

3 예열된 팬에 식용유를 두르고 먼저 다진마늘을 볶은 다음 호박과 당근을 넣고 살짝 볶는다.

4 간은 새우젓으로 맞추고, 양파를 넣어 잘 섞어 준다.

5 호박이 부드러워지면 청양고추, 홍고추를 넣는다.

6 불을 끄고 들기름 또는 참기름을 두른 다음 통깨를 뿌린다.

응용요리

시래기짜글이

재료

애호박 1, 양파 1, 당근 1/2, 청양고추 3, 홍고추 1

양념

새우젓 1, 멸치액젓 2, 다진마늘 1, 들기름 또는 참기름, 통깨

우뭇가사리야채무침

한천의 원료로 쓰이는 우뭇가사리는 양갱을 만들 때도 이용되며 묵밥, 샐러드, 냉채, 무침 등으로 먹는다. 미네랄, 요오드, 칼륨 등도 풍부하게 들어 있어 저칼로리 식품으로 비만환자에게 적합하다. 식이섬유소가 풍부하여 웰빙식품으로 각광받고 있는 우뭇가사리야채무침을 소개한다.

재료

우뭇가사리묵 반모 350g, 양파 1/2,
오이 1/5, 당근 1/5, 게맛살 2개,
청양고추 2, 홍고추 1

양념

진간장 1, 멸치액젓 1, 매실청 2, 다진마늘 1,
식초 2, 후추, 참기름, 통깨

조리전 준비

1   우뭇가사리묵은 채썰어 큰 볼에 담는다.
2   양파, 오이, 당근은 채썰고, 게맛살은 세로로 찢고, 청양고추와 홍고추도 송송 썰어둔다.

조리하기

3   큰 볼에 우뭇가사리묵과 썰어둔 야채와 재료를 넣고 양념을 잘 섞는다.
4   소금으로 간을 맞춘 후 참기름을 두르고 통깨를 뿌려 접시에 담아낸다.

응용요리

우뭇가사리냉콩국

우뭇가사리냉콩국

돈만 있으면 먹고 싶은 것, 갖고 싶은 것 얼마든지 쉽게
구해 먹을 수 있는 세상이다. 이제 더 이상 더운 날 땀
뻘뻘 흘려가며 콩국물을 만들지 않아도 된다. 어디서든
살 수 있기 때문이다.

조리하기

1   우뭇가사리묵은 가늘고 길게 썰어 대접에 담는다.
    (이때 미리 냉장고에 넣어 차갑게 하면 시원한 맛이
    강해진다.)

2   콩국물을 묵이 충분히 잠길 정도로 붓는다.

3   소금으로 간을 맞춘다. (전라도 지방에서는 소금 대신
    설탕을 주로 넣는다.)

4   얼음과 통깨를 띄워서 시원하게 먹는다.

재료

우뭇가사리묵 반모 350g,
콩국물 1봉지 300g

양념

소금 또는 설탕, 얼음, 통깨

응용요리

우뭇가사리야채무침

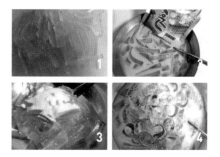

가지양파볶음

7월 텃밭엔 마치 야채시장을 방불케 할 정도로 채소가 풍성하다. 제철에 나는 식재료를 많이 먹을수록 면역력 증강에 도움이 된다. 이번에는 가지를 멸치액젓에 절여 양파를 넣고 볶음요리를 해본다.

재료

가지 2(300g), 양파 1/2, 청양고추 2, 홍고추 1

양념

멸치액젓, 다진마늘 1, 굴소스 1

조리전 준비

1 가지를 납작하게 썰어 볼에 담고 멸치액젓으로 절인다.

2 양파는 가지와 비슷한 크기로 자르고, 청양고추와 홍고추는 잘게 자른다.

조리하기

3 팬에 식용유를 두르고 절인 가지를 꼭 짜서 넣고, 양파와 고추도 함께 넣고 볶는다.

4 간은 소금으로 맞추고, 다진마늘과 굴소스를 넣어 계속 볶는다.

5 양파 색이 변하면 참기름을 두르고 통깨를 뿌려 접시에 담아낸다.

응용요리

가지나물무침

청양고추양념장 만들기

재료

청양고추 30, 홍고추 5, 표고버섯 5, 잔멸치 50g, 건새우 30g

양념

식용유 4, 다진마늘 2, 고추장 1, 진간장 2, 매실청 4, 들기름 2, 통깨

청양고추 양념장 만들기

① 팬에 식용유와 다진마늘을 넣고 노릇노릇하게 볶는다.

② 잔멸치와 건새우(밥새우로 대체), 표고버섯을 잘게 다져 넣고 표고버섯의 수분이 거의
   날아갈 때까지 볶는다.

③ 청양고추와 홍고추는 잘게 다져서 함께 넣고 볶는다.

④ 양념은 고추장, 진간장, 매실청, 들기름을 넣고 고추가 노릇노릇해질 때까지 볶는다.

⑤ 마지막에 통깨를 넉넉히 뿌린다.

8월

제철
식재료

전복, 민어, 무화과, 고구마줄기, 참나물, 방아잎, 풋고추,
옥수수, 미꾸라지, 오이, 꽈리고추, 수박

노각오이무침

여름 반찬으로 즐겨 먹는 오이를 늦게까지 따지 않고 두면 노각이 된다. 진노란색 껍질에 그물 모양이 고르게 나타나며, 풋오이보다 껍질이 거칠고 조직에 수분이 적어 단단하다. 단맛이 있으며, 생채로 무쳐 먹거나 장아찌, 김치를 담가 먹는다. 찌개에 넣기도 한다.

조리전 준비

1 노각 껍질을 벗겨 중간에 있는 씨를 제거하고 적당한 크기로 자른다.
2 양파와 당근은 채썰고, 청양고추는 잘게 다진다.

조리하기

3 볼에 노각과 당근, 청양고추, 양념을 넣고 골고루 무친다.
4 참기름을 두르고 통깨를 뿌려 접시에 담아낸다.

응용요리

오이무침

재료

노각 1, 양파 1/2, 당근 조금, 청양고추 1

양념

고춧가루 2, 멸치액젓 2, 올리고당 1, 매실청 1, 식초 1.5, 다진마늘, 참기름, 통깨

가지오이냉국

가지는 값싸면서도 효능이 다양해서 사랑받는 식재료다. 특히 장기능을 강화해 주어 변비나 다이어트에 도움이 되고, 꾸준히 섭취하면 혈압을 낮춰 주는 효과도 있다. 또한 피를 맑게 해 고지혈증 예방에도 좋으며, 비타민이 많아서 피로 회복에도 좋다.

재료

가지 2, 오이 1, 청양고추 3, 홍고추 1, 대파 1/2, 동전육수 3알

양념

다진마늘 1, 설탕 1/2, 국간장 3, 식초 1, 고춧가루, 통깨

조리전 준비

1 물 3컵을 붓고 동전육수 3알을 넣어 육수를 끓인다.
2 가지는 크기에 따라 다르지만 4등분하여 먹기 좋게 자르고, 오이는 채썰고 홍고추는 잘게 다지고 대파도 송송 썰어 둔다.

조리하기

3 찜통에 가지를 올리고 소금을 조금 뿌려 10분 정도 찐 다음 식혀서 물기를 꼭 짜준다.
4 찐 가지와 오이에 설탕, 국간장으로 밑간을 하고 고춧가루를 넣어 조물조물 무친 다음 10분간 재워둔다.
5 큰 볼에 밑간이 된 가지와 오이를 넣고 준비된 육수를 부은 다음, 다진마늘과 송송 썬 대파를 넣고 소금으로 간을 맞춘다.
6 홍고추와 통깨를 넣고 식초 1큰술을 넣는다.

응용요리

콩나물냉국, 미역오이냉국

미역오이냉국

무더운 여름에 시원하고 감칠맛 나는 미역냉국은 쉽게 해 먹을 수 있는 요리 중 하나다. 칼슘이 풍부한 '바다의 채소' 미역은 골다공증 예방에 좋고, 저열량, 저지방 식품으로 다이어트에도 이용되며, 식이섬유소가 풍부하여 포만감을 느끼게 하고 장운동을 활발하게 해 변비를 예방해 준다.

조리전 준비

1 미역을 물에 잠기도록 담가 불린다.
2 오이와 양파는 채썰고, 고추는 씨를 제거한 다음 송송 썰어둔다.

조리하기

3 물에 불린 미역을 끓이다가 미역이 연두색으로 변하면 찬물에 헹군 후 물기를 꼭 짜준다.
4 볼에 미역을 넣고 양념을 한 후 버무린 후 10분간 재워둔다.
5 재워 놓은 미역에 냉수 2사발 정도를 부어준다.
6 청양고추와 홍고추를 넣고 간은 소금으로 맞춘다.
7 양파, 오이, 얼음을 넣고 통깨를 뿌려 그릇에 담아낸다.

응용요리

콩나물냉국, 미역오이냉국

재료

마른 미역 100g(2인분 기준), 양파 1/2, 오이 1/2, 청양고추 2. 홍고추 1

양념

소금 1, 설탕 4, 식초 7, 다진마늘 1/2, 국간장 1, 통깨

콩나물냉국

햇볕이 쨍쨍 내리쬐는 여름철에 국 없이 밥이 잘 안 넘어갈 때 시원한 콩나물냉국을 추천한다. 콩나물에는 비타민C와 아스파라긴산이 풍부하게 들어 있어 알코올 해독에도 좋다. 또 양질의 섬유소는 장내 숙변을 완화해 변비 예방을 돕고 장을 건강하게 만드는 효능이 있다.

재료

콩나물 1봉지(300g), 청양고추 2, 홍고추 1, 대파 1/2, 동전육수 3알

양념

다진마늘 1, 설탕 1/2, 국간장 3, 식초 1, 고춧가루, 통깨, 물 3컵(600ml)

조리전 준비

1 콩나물은 잘 씻어서 찬물에 식초를 넣고 10분 정도 담가둔다.

2 물이 끓으면 콩나물을 넣고 3분 정도 삶아 찬물에 담갔다가 식혀준다.

3 콩나물 삶은 물에 국간장, 멸치액젓, 다진마늘, 동전육수 3알 넣고 육수를 끓인다.

4 식힌 콩나물에 다진대파, 청양고추, 홍고추를 넣고 소금으로 간을 한 다음 설탕을 넣어 조물조물 무친다.

조리하기

5 육수가 다 식으면 무쳐 둔 콩나물에 육수를 붓고 소금으로 다시 간을 맞춘다.

6 얼음을 넣고 통깨를 뿌린 다음, 기호에 따라 식초를 몇 방울 넣어도 좋다.

응용요리

가지오이냉국, 미역오이냉국

수박껍질무침

우리가 그냥 버리는 수박껍질도 맛난 반찬 재료가 될 수 있다. 수박껍질무침은 쓰레기도 줄이고 여름에 수분을 보충할 수 있는 반찬이다. 수박껍질은 지방 함량이 거의 없어 다이어트에 효과적이며, 고혈압 예방, 부종 방지, 탁월한 이뇨작용은 신장에 도움을 준다고 한다. 이제 수박껍질로 새콤매콤한 무침을 만들어보자.

조리전 준비

1 수박껍질은 깎아내고 안쪽 흰 부분만 오려내 얇고 길게 채썬다.

2 볼에 담고 소금을 뿌려 20분 정도 절인 다음 물기를 꼭 짠다.

조리하기

3 물기를 꼭 짠 수박껍질에 양념을 넣고 잘 버무린다.

4 참기름을 두르고 통깨를 뿌려 접시에 담아낸다.

응용요리

수박화채

재료

수박껍질 300g, 양파 1/2, 당근 조금, 청양고추 1

양념

고춧가루 2, 매실청 1, 식초 1.5, 설탕 2, 다진마늘 1/2, 참기름, 통깨

다슬기된장찌개

다슬기(올갱이)는 민물고둥이라고도 하며, 수질이 아주 좋은 하천과 호수 등 물이 깊고 물살이 센 바위틈에 무리 지어 산다. 다슬기는 아미노산 함량이 높아 간기능 회복과 강화에 도움을 주며, 숙취 해소에도 좋다. 또한 찬 성질을 가지고 있어 몸에 열이 많은 사람은 열을 낮춰 준다. 다만 슬기는 폐흡충(肺吸蟲)의 제1중간숙주이므로 절대 날것으로 먹어서는 안 된다.

재료

다슬기 150g, 된장 2, 양파 1/2, 청양고추 2, 두부 반모, 대파 1, 동전육수 2알

양념

다진마늘 1, 소금

조리전 준비

1 다슬기는 흐르는 물에 헹궈 체에 받쳐둔다.
2 냄비에 물 2컵을 붓고 된장을 푼 다음 동전육수를 넣고 끓인다.

조리하기

3 육수에 다슬기와 두부, 양파, 청양고추를 넣고 끓이면서 소금으로 간을 맞춘다.
4 송송 썬 대파를 넣고 그릇에 담아낸다.

응용요리

꼬막된장찌개

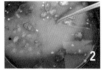

전어야채무침

가을 전어로 구이를 하거나 전어회를 먹는다. 요즘은 이 상기온으로 여름에도 전어를 맛볼 수 있지만, 제대로 된 전어맛은 처서 무렵이 최고다. 그래서 가을 전어에는 깨가 서말이라는 말도 있다.

조리전 준비

1 전어는 등뼈 반대쪽으로 잘게 썰어서 냉동실에 잠시 넣어둔다.

2 야채는 모두 채썰고, 열무김치가 있으면 양념을 꼭 짜서 김치국물을 없앤다.

조리하기

3 큰 볼에 썰어둔 야채를 넣고, 냉동실에 있는 전어를 꺼내 초고추장을 비롯한 모든 양념을 넣고 주무른다.

4 간은 멸치액젓으로 맞추고 썰어둔 쪽파를 뿌린다.

5 참기름을 두르고 통깨를 뿌려 접시에 담아낸다.

응용요리

열무김치전어무침, 홍어무침, 오징어초무침

재료

전어 10마리 , 양파 1, 오이 1, 청양고추 3, 홍고추 1, 풋고추 5, 사과 1, 깻잎 10장, 쪽파 한줌, 열무김치는 옵션

양념

초고추장, 고춧가루 2. 식초 3. 설탕 2. 매실청 2, 다진마늘 1, 참기름, 통깨

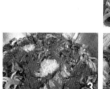

깻잎물김치

6월 말에 감자를 캐고 나서 심은 들깨는 8월이 되면 뿌리를 내리고 자라기 시작한다. 그때 수확을 하려면 들깨순을 잘라주어야 한다. 이렇게 자른 들깨순으로 깻잎김치도 담고 깻잎물김치도 담근다.

재료

깻잎 200g, 당근 1/4, 청양고추 3, 홍고추 1,
양파 1/2. 대파 1

양념

진간장 1, 설탕 2, 고춧가루 2,
매실청 2, 다진마늘 1, 참기름, 통깨

조리전 준비

1 깻잎을 씻어 살짝 데쳐낸다.

2 데쳐낸 깻잎을 찬물에 헹궈 물기를 꼭 짠다.

3 당근, 청양고추, 홍고추, 양파, 대파는 모두 송송
   썰어둔다.

조리하기

4 작은 볼에 물 2컵과 모든 양념을 넣어 양념장을 만든다.

5 큰 볼에 깻잎과 야채를 넣고 양념장을 부어 조물조물
   무치면 된다.

6 참기름을 두르고 통깨를 뿌려 그릇에 담는다.

7 기호에 따라 간을 보고 물을 추가한다.

응용요리

깻잎볶음

양파장아찌

하루에 양파 1개를 먹는 습관을 들이자. 양파를 조금씩
이라도 먹기 위해 양파장아찌를 담가 먹어도 좋다.

조리전 준비

1   양파를 4등분으로 자른다.

2   청양고추와 홍고추는 송송 썰어둔다.

3   준비한 양념을 1:1:1로 맞춘 후 팔팔 끓인다.

조리하기

4   김치통에 양파를 담고 팔팔 끓인 양념을 붓는다.

5   청양고추, 홍고추를 넣고 냉장고에 숙성시킨다.

6   숙성되면 조금씩 덜어 먹으면서 통깨를 뿌려 그릇에
     담아낸다.

재료

양파 3개 950g, 청양고추 5, 홍고추 1

양념

진간장 350ml, 식초 300ml,
설탕 대신 스테비아 300ml, 통깨
(비율은 1:1:1)

제육볶음

캠핑요리

쉽고 간단한 캠핑요리 첫 번째는 제육볶음이다. 얇게 썬 돼지고기를 고추장 양념에 재웠다가 지글지글 볶아 먹는 이 요리는 한국인이 가장 즐겨 먹는 고기 요리 중 하나다. 제육볶음은 왜 캠핑 가서 먹으면 더 맛있을까!

재료

돼지고기 앞다리살 600g, 양파 1, 대파 1,
청양고추 2

양념

진간장 2, 고추장 2, 고춧가루 2, 설탕 2,
맛술 3, 물엿 2, 굴소스 1, 다진마늘 1, 통깨

조리전 준비

1 돼지 앞다리살을 적당한 크기로 썰어 설탕과 진간장을 넣고 잘 주물러 30분 정도 재워둔다.

2 야채도 먹기 좋게 썰어둔다.

조리하기

3 팬에 식용유를 두르고 센불에 재워 둔 고기를 볶는다.

4 어느 정도 고기가 익으면 양념을 섞어 다시 볶는다.

5 고기가 거의 익었을 때 썰어둔 야채를 모두 넣는다.

6 야채에 양념이 배면 통깨를 뿌려 그릇에 담아낸다.

응용요리

오리훈제볶음, 등갈비찜, 콩나물불고기

돼지고기짜글이

쉽고 간단한 캠핑요리 두 번째는 영양 만점인 돼지고기 짜글이다. 칼칼한 맛이 나는 이 요리는 밥 반찬으로도 좋고, 술안주로 인기가 있다. 짜글이는 양념한 돼지고기에 채소를 듬뿍 넣어 끓인 충청도 향토 음식이다.

조리전 준비

1 물 2컵에 동전육수 2알을 넣고 끓이면서, 야채는 채를 썰어둔다.

2 돼지고기에 생강, 다진마늘, 맛술, 소금, 후추를 넣고 30분 이상 재워둔다.

재료

돼지고기 600g, 감자 1/2. 양파 1/2, 호박 1/2, 두부 1/2, 대파 1/2, 청양고추 2, 동전육수 2알

양념

고춧가루 2, 고추장 2, 된장 2, 진간장 2, 생강, 맛술, 소금, 후추

조리하기

3 팬에 식용유를 두르고 파기름을 낸다.

4 육수에 재워둔 고기와 고춧가루, 고추장, 된장, 진간장을 넣고 끓인다.

5 감자, 양파, 호박, 청양고추를 넣고 더 끓인다.

6 두부와 대파 파란 부분을 넣고 자박하게 끓인다.

응용요리

오리훈제볶음, 등갈비찜, 콩나물불고기

스팸짜글이

캠핑요리

쉽고 간단한 캠핑요리 세 번째는 스팸짜글이다. 스팸의 주재료인 돼지고기 어깻살은 뼈를 발라내기 어려워 버리던 부위였으나, 그 어깻살을 갈아서 만든 것이다. 지금은 한국인이 가장 즐겨 찾는 식재료 중 하나가 되었다.

재료

스팸 1통(200g). 양파 1/2, 감자 1/2, 대파 1/2, 청양고추 2, 동전육수 2알, 취향에 따라 통배추 300g

양념

고춧가루 2, 다진마늘 1, 간장 2, 맛술 1, 고추장 1, 된장 1

조리전 준비

1 물 2컵에 동전육수 2알을 넣고 끓이면서, 감자는 납작하게, 대파와 청양고추는 송송 썰고, 양파는 먹기 좋게 자른다.

2 스팸을 비닐봉지에 넣고 야무지게 으깬다.

조리하기

3 냄비에 육수를 붓고 양파와 감자, 으깬 스팸을 넣고 끓인다.

4 고추장, 고춧가루, 다진마늘, 간장, 맛술을 넣고, 구수한 맛을 더하기 위해 된장도 넣는다.

5 감자가 다 익으면 대파를 넣고 한소끔 더 끓이면 매콤하고 짭조름한 짜글이가 된다.

응용요리

돼지고기짜글이

콩나물불고기

 캠핑요리

쉽고 간단한 캠핑요리 네 번째는 콩나물불고기다. 콩나물은 아삭한 식감으로 무쳐 먹어도 좋고, 국을 끓이면 시원한 맛을 낸다. 이 콩나물과 잘 어울리는 돼지고기와 함께 조리하면 돼지고기의 단백질과 콩나물의 비타민, 무기질이 균형을 이룬다. 콩나물불고기는 얇게 썬 대패삼겹살이나 차돌박이로 만든다.

조리전 준비

1 콩나물은 잘 씻어 물기를 빼둔다.
2 야채는 길게 썰어둔다.
3 고추장, 설탕, 고춧가루, 진간장, 다진마늘, 후추를 넣어 양념장을 만든다.

조리하기

4 달궈진 팬에 대파와 양파를 넣고 대파 기름이 나올 때까지 볶는다.
5 대패삼겹살과 콩나물을 넣고 다시 볶는다.
6 콩나물 숨이 죽으면 준비된 양념장을 콩나물 위에 붓고 잘 섞는다.
7 팽이버섯, 깻잎, 청양고추를 넣고 통깨를 뿌린다.

응용요리

오리훈제볶음, 등갈비찜

재료

대패삼겹살 300g, 콩나물 150g, 대파 1, 양파 1/2, 팽이버섯 1, 깻잎 10장, 청양고추 3

양념

고추장 1, 설탕 1, 고춧가루 2, 진간장 2, 다진마늘 1, 후추

오리훈제볶음

쉽고 간단한 캠핑요리 다섯 번째는 오리훈제볶음이다. 오리고기는 부추와 궁합이 잘 맞아 오리고기부추소금구이도 맛있다. 훈제오리는 특별한 기법으로 처리하여 풍부한 향과 맛을 즐길 수 있고, 마트에서도 쉽게 구할 수 있어 캠핑요리로 즐겨 찾는 식재료다.

재료

오리훈제 200g, 양파 1/2, 오이 1/2, 당근 1/4, 청양고추 3, 팽이버섯 1

양념

다진마늘 1, 소금, 후추, 참기름, 통깨

조리전 준비

1   양파, 오이, 당근은 적당한 크기로 자른다.

조리하기

2   팬에 기름을 두르지 않고 오리고기와 양파, 다진마늘, 청양고추, 당근, 오이에 소금을 넣고 볶는다.

3   팽이버섯을 넣고 참기름을 두른 다음 후추, 통깨를 뿌려 접시에 담아낸다.

응용요리

제육볶음, 등갈비찜, 콩나물불고기

어묵볶음 캠핑요리

쉽고 간단한 캠핑요리 여섯 번째는 어묵볶음이다. 어묵은 으깬 생선살에 전분 혹은 밀가루, 쌀가루를 섞어 열을 가해 묵처럼 굳혀 만든다. 단백질이 풍부한 식재료 중에 두부와 함께 가장 좋아하는 식재료다. 열량도 100g당 100~130kcal 정도로 낮은 편이어서 다이어트에도 좋다.

조리전 준비

1   양파와 당근은 채를 썰고, 대파와 청양고추는 어슷썰기를 한다.

2   당면은 물에 불려준다.

조리하기

3   팬에 식용유를 두르지 않고 오뎅을 노릇하게 볶아낸다.

4   팬에 식용유를 두르고 다진마늘, 다진파, 고춧가루를 넣고 고추기름을 만든다.

5   물 1컵에 진간장, 올리고당, 굴소스, 후추를 넣고 양념을 졸인다.

6   졸인 양념에 어묵과 당면, 썰어둔 야채, 청양고추를 넣고 빠르게 볶아준다.

7   참기름을 두르고 통깨를 뿌려 접시에 담아낸다.

응용요리

제육볶음, 등갈비찜, 소시지야채볶음

재료

어묵 6장, 양파 1/2, 당근 1/4, 대파 1,
청양고추 2, 당면 한줌

양념

진간장 2, 올리고당 1, 굴소스 1, 다진마늘 1,
고춧가루, 후추, 참기름, 통깨

소시지야채볶음

쉽고 간단한 캠핑요리 일곱 번째는 소시지야채볶음이다. 소시지는 돼지고기나 소고기를 곱게 갈아 동물의 창자 또는 케이싱(casing)에 넣어 만든다. 보통 소시지 원료는 햄을 만들 때 나오는 부스러기 고기를 사용하는데, 햄보다 단백질이 적은 반면 지방이 많아 칼로리가 높다.

재료

소시지 300g, 양송이버섯 50g, 양파 1/2, 빨간 파프리카 1/2, 노란 파프리카 1/2, 메추리알 200g, 우유 200ml, 당면 한줌

양념

다진마늘 1, 진간장 1, 굴소스 1, 고춧가루 1, 고추장 1, 설탕 1/2

조리전 준비

1 양파와 파프리카, 양송이버섯은 채썰고, 소시지는 어슷 썰기를 한다.

2 당면은 물에 불려준다.

조리하기

3 팬에 식용유를 두르고 소시지를 겉면이 코팅되는 느낌으로 살짝 볶는다.

4 여기에 양송이버섯, 양파, 파프리카를 넣고 볶는다.

5 야채가 익으면 우유와 당면을 넣고 양념이 골고루 배도록 잘 버무린다.

6 통깨를 뿌려 접시에 담아낸다.

응용요리

제육볶음, 등갈비찜, 어묵볶음

등갈비찜 캠핑요리

쉽고 간단한 캠핑요리 여덟 번째는 등갈비찜이다. 돼지
고기는 부위마다 다양한 요리로 활용되는데, 그중에서도
육즙이 진하고 부드러운 등갈비는 찜으로 먹기에 좋다.
청양고추의 매콤하고 깔끔한 맛을 느낄 수 있다.

조리전 준비

1 등갈비 등쪽에 붙어 있는 금막을 떼어내고 한 개씩
잘라 한 시간 이상 물에 담가 핏물을 뺀다.

조리하기

2 냄비에 등갈비를 넣고 물과 소주, 된장, 진간장, 청양
고추, 대파, 표고버섯을 넣고 국물이 자박해질 때까지
끓인다.

3 등갈비를 건져내고, 그 국물에 양파, 굴소스, 다진마늘,
물엿, 고춧가루, 고추장, 설탕, 후추를 넣고 끓인다.

4 여기에 다시 등갈비를 넣고 국물이 골고루 배도록 잘
섞어준다.

5 송송 썬 청양고추와 쪽파를 얹은 다음 참기름을 두르고
통깨를 뿌려 담아낸다.

재료

등갈비 1짝, 표고버섯 100g, 대파 1,
소주 1병, 양파 1/2

양념

굴소스 1, 다진마늘 1, 물엿 1, 고춧가루 2,
고추장 1, 설탕 1, 후추, 참기름, 통깨

응용요리

제육볶음, 어묵볶음

닭볶음탕 캠핑요리

쉽고 간단한 캠핑요리 아홉 번째는 닭볶음탕이다. 우리가 좋아하는 치킨, 삼계탕, 닭찜도 있지만, 닭볶음탕은 술안주나 반찬으로 즐겨 먹는다. 닭볶음탕은 닭고기를 뼈째 토막내어 감자와 함께 양념을 넣고 끓여낸 우리나라 대표 요리다.

재료

닭 1마리, 감자 2, 양파 1, 당근 1/2, 대파 1, 당면 한줌, 청양고추 3

양념

고춧가루 3, 된장 1, 진간장 3, 굴소스 1, 설탕 또는 올리고당 3, 맛술 1, 생강 1, 다진마늘 1, 통깨

조리전 준비

1 닭은 볶음탕용으로 토막내 손질한 걸 사서 한번 끓인 후 찬물에 잘 헹군다.

2 감자, 양파, 당근은 다소 크게 잘라둔다.

3 대파도 적당한 크기로 썰어둔다.

조리하기

4 삶아낸 닭을 냄비에 담고 2/3 정도 잠길 정도의 물을 붓고 끓인다.

5 준비된 양념과 청양고추를 넣고 팔팔 끓이다가 감자, 당근, 양파를 넣는다.

6 국물이 절반 정도 줄었을 때 당면 한줌을 넣고 끓이다가 소금으로 간을 맞춘다.

7 마지막에 대파 파란부분과 통깨를 뿌려 그릇에 담는다.

8 닭볶음탕을 만들 때 주의할 점은 자주 휘젓지 말아야 한다. 휘저으면 다 익은 감자나 당근이 부서져 식감이 별로다.

응용요리

제육볶음, 어묵볶음

봉지라면뽀글이

 캠핑요리

쉽고 간단한 캠핑요리 열 번째는 봉지라면뽀글이다. 캠핑 가서 냄비 없이도 끓여 먹을 수 있는 추억의 봉지라면뽀글이는 정말 조심해서 다뤄야 한다. 무척 뜨거우니까!

조리하기

1 라면 위쪽을 조심스레 잘 뜯는다.

2 라면을 4등분으로 부순다.

3 스프를 뜯어서 넣는다.

4 물을 조심스럽게 붓는다.

5 위쪽을 나무젓가락 사이에 끼우고 2번 정도 말아서 빨래집게로 찝는다.

6 5분간 기다렸다가 잘 저어서 먹는다.

 재료

봉지라면 1개, 빨래집게 1개

9월

제철
식재료

고등어, 대하, 배, 사과, 석류, 은행, 광어, 고들빼기,
도토리, 토란, 송이버섯, 밤, 녹두, 쪽파, 순무, 버섯류

애호박지짐이

9월은 8월 땡볕 아래 모든 작물들이 활기차게 자라고, 고추밭에는 고추가 빨갛게 익어 간다. 중생종 사과 홍로도 수확을 앞두고 있으며, 호박은 땅 넓는 줄 모르고 뻗어 나간다. 이때쯤 호박덩굴 속에서 애호박 하나를 발견하면 보물을 찾은 듯 반갑다. 어릴 적 외할머니께서 해주시던 애호박지짐이를 만들어 본다.

조리전 준비

1   호박은 깍둑썰기로 큼직하게 잘라준다.

2   호박에 다진마늘, 파, 새우젓, 고춧가루, 멸치액젓을 넣고 골고루 버무린다.

조리하기

3   냄비에 식용유를 두르고 양념한 호박을 넣는다.

4   물을 넣고 살짝 한 번 더 저어준다.

5   국물이 자박해지고 호박이 익으면 간은 멸치액젓으로 맞추고 통깨를 뿌려 접시에 담아낸다.

응용요리

야채짜글이, 스팸짜글이

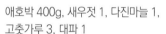 **재료**

애호박 400g, 새우젓 1, 다진마늘 1,
고춧가루 3, 대파 1

 양념

새우젓, 멸치액젓, 고춧가루

고구마꼬투리순무침

이맘때 고구마순 끝부분을 잘라 무친 나물을 별미로 즐길 수 있다. 외할머니께서 자주 해주시던 고구마꼬투리순무침을 소개한다.

재료

고구마꼬투리순 300g

양념

멸치액젓 1/2, 된장 1/2, 다진마늘 1/2, 참기름, 통깨

조리전 준비

1   고구마꼬투리순을 다듬어서 씻는다.

2   냄비에 소금을 넣고 거품이 올라올 때까지 나물을 데친다.

3   찬물에 헹궈서 물기를 꼭 짠다.

조리하기

4   삶은 고구마꾸투리순을 볼에 담고 양념을 넣어 조물조물 무친다.

5   참기름을 두르고 통깨를 뿌려 접시에 담아낸다.

응용요리

고구마줄기된장무침

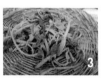

고구마줄기된장무침

고구마줄기는 약간 꼬들꼬들해지면 껍질이 잘 벗겨진다. 줄기 끝부분을 조금 찢어서 아래로 내리면 쉽게 벗겨지는데, 살짝 삶아서 나물로 무치거나 볶음을 해서 먹으면 식감도 좋고 맛있다.

조리전 준비

1 고구마줄기 껍질을 벗긴다.

2 냄비에 소금을 넣고 삶아낸다.

3 찬물에 헹군 후 물기를 꼭 짠다.

조리하기

4 삶은 고구마줄기를 볼에 담고 양념을 넣어 조물조물 무친다.

5 참기름을 두르고 통깨를 뿌려 접시에 담아낸다.

응용요리

고구마꼬투리순무침

재료

고구마줄기 500g

양념

멸치액젓 1/2, 된장 1/2, 다진마늘 1/2, 참기름, 통깨

호박잎콩가루된장국

외할머니는 손바닥보다 조금 작은 연한 호박잎을 따서 콩가루를 묻혀 호박잎된장국을 끓여 주셨다. 날씨가 점점 서늘해지고 따끈한 국물이 생각날 때 제격인 호박잎콩가루된장국을 소개한다.

재료

호박잎 300g, 콩가루 200g, 청양고추 2, 홍고추 1, 새송이버섯100g, 동전육수 3알

양념

된장 1, 다진마늘 1

조리전 준비

1 물 4컵에 동전육수를 넣고 팔팔 끓인다.
2 호박잎은 씻어서 물기를 빼고 적당한 크기로 잘라 콩가루 옷을 입힌다.

조리하기

3 육수에 새송이버섯과 된장, 마늘을 넣고 끓인다.
4 여기에 콩가루 옷을 입힌 호박잎을 넣고 콩가루가 떨어지지 않도록 젓지 않는다.
5 소금으로 간을 맞추고 마지막에 청양고추와 홍고추를 넣는다.

응용요리

시래기된장국

호박잎꼬투리무침

호박잎은 기온이 내려가기 전에 따서 맛있는 된장국과 나물로 먹어야 한다. 고구마순꼬투리처럼 호박잎꼬투리로 된장국도 끓이고 무쳐 먹으면 이 무렵에만 맛볼 수 있는 별미가 된다.

조리전 준비

1 호박잎꼬투리를 물에 씻은 다음 살짝살짝 문질러 부드럽게 만든다.

2 소금을 넣은 물이 팔팔 끓으면 호박잎꼬투리를 넣고 살짝 데쳐 물기를 꼭 짠다.

조리하기

3 볼에 넣고 멸치액젓으로 간을 맞춘다.

4 다진마늘과 참기름을 넣고 조물조물 무친 다음 통깨를 뿌려 담아낸다.

응용요리

호박잎꼬투리된장국

 재료

호박꼬투리 300g

 양념

멸치액젓 1, 다진마늘 1/2, 참기름, 통깨

10월

제철
식재료

무, 꽁치, 호박, 삼치, 해삼, 검은콩, 박대, 빠가사리,
학꽁치, 가자미, 고춧잎, 임연수, 전어, 갓, 우렁이, 사과

애호박갈칫국

10월 중순이 되면 갑작스레 추워지고 서리가 내리기도
한다. 된서리가 내리기 전 호박넝쿨 사이로 애호박이 보
이면 어머니는 애호박갈칫국을 끓이셨다. 그때 갈치의
비린 맛을 없애기 위해 꼭 쌀뜨물을 사용하셨다. 살림의
지혜가 아닐까!

조리전 준비

1   갈치는 적당한 크기로 잘라둔다.

2   쌀뜨물에 된장을 넣고 팔팔 끓인다.

3   애호박은 먹기 좋은 크기로 썰어둔다.

4   청양고추와 홍고추도 적당한 크기로 자른다.

조리하기

5   국물이 팔팔 끓으면 애호박과 고추, 새우젓을 넣고
    다시 끓인다.

6   호박이 거의 익으면 갈치를 넣고 한소끔 끓여서
    다진마늘을 넣는다.

7   마지막에 대파를 넣고 휘저어서 대접에 담아낸다.

재료

생갈치 1마리, 애호박 1개 300g, 쌀뜨물 4컵,
청양고추 2, 홍고추 1, 대파 1

양념

된장 1, 다진마늘1/2, 새우젓1

사과겉절이 사과요리

사과로 만들 수 있는 첫 번째 요리는 사과겉절이다. 9월부터 11월까지는 사과를 수확하는 계절인데, 사과로 할 수 있는 요리가 참 많다. 흠집이 난 사과를 활용해 겉절이를 만드는데, 사과와 궁합이 맞는 채소는 미나리다.

재료

사과 3개, 미나리 한줌

양념

고춧가루 1, 멸치액젓 1, 마늘 1/2,
참기름, 통깨

조리전 준비

1   사과는 깍둑썰기를 한다.
2   미나리는 2~3cm 길이로 자른다.

조리하기

3   깍둑썬 사과와 미나리를 큰 볼에 넣고 양념을 넣어 무친다.
4   참기름을 두르고 통깨를 뿌려 접시에 담아낸다.

응용요리

사과부침개

사과부침개(사과전) 사과요리

사과로 만들 수 있는 두 번째 요리는 사과부침개(사과전)
다. 어린이 간식과 어르신들 부전부리로 딱이다.

조리전 준비

1   사과와 양파는 채썬다.

2   부침가루와 튀김가루, 소금을 넣고 버무린다.

조리하기

3   달궈진 팬에 식용유를 두르고 노릇노릇하게 부친다.

응용요리

사과고구마부침개

재료

사과 3, 양파 1, 부침가루와 튀김가루, 소금

사과고구마부침개

사과로 만들 수 있는 세 번째 요리는 사과고구마부침개다. 사과와 고구마를 활용하여 어린이 간식과 어르신들 부전부리를 만들어 본다.

재료

사과 2, 고구마 3, 양파 1/2, 계란 2

조리전 준비

1 사과와 고구마, 양파는 채썰기를 한다.

2 채썬 고구마는 찬물에 담가 전분을 뺀 다음 체에 받쳐 물기를 뺀다.

3 큰 볼에 사과, 고구마, 양파, 계란을 넣고 부침가루와 튀김가루를 반반씩 넣는다.

4 물과 소금으로 간을 맞추면서 반죽을 한다.

조리하기

5 달궈진 팬에 식용유를 두르고 노릇노릇하게 부친다.

응용요리

사과고구마채무침

사과고구마채무침 사과요리

사과로 만들 수 있는 네 번째 요리는 사과고구마채무침이다. 사과와 고구마의 단맛을 살린 새콤달콤한 반찬이다.

조리전 준비

1   사과는 씻어서 껍질째 가늘게 채썬다.

2   고구마도 채썰어 찬물에 잠시 담가둔다.

조리하기

3   전분을 뺀 고구마와 사과를 볼에 넣고 양념을 잘 섞어
     주면 달콤하고 고소한 반찬이 만들어진다.

4   참기름을 두르고 통깨를 뿌려 접시에 담아낸다.

응용요리

사과미나리고구마채무침

재료

사과 2, 고구마 2

양념

멸치액젓 1, 고춧가루 1, 다진마늘 1/2,
참기름, 통깨

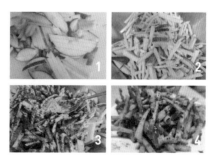

양배추사과무침  사과요리

사과로 만들 수 있는 다섯 번째 요리는 양배추사과무침이다. 서로 궁합이 잘 맞는 사과와 양배추를 활용하여 달콤한 다이어트 반찬을 만들어 본다. 양배추에 많이 들어 있는 비타민이 위장을 튼튼하게 해 사과와 양배추를 함께 먹으면 만병통치약이라고 한다.

재료

양배추 1/4, 사과 1

양념

소금, 참기름, 통깨

조리전 준비

1 양배추는 채썰어 식초물에 10분 정도 담가둔다.

2 사과도 채를 썰어둔다.

조리하기

3 팬에 식용유를 두르고 양배추를 살짝 볶는다.

4 볶은 양배추를 식힌 다음 사과를 넣고 소금으로 간을 맞춘다.

5 참기름을 두르고 통깨를 넉넉히 뿌려 접시에 담아낸다.

응용요리

오징어사과초무침

오징어사과초무침

사과로 만들 수 있는 여섯 번째 요리는 오징어사과초무침이다. 싱싱한 오징어와 사과를 넣고 초고추장으로 맛을 내본다.

조리전 준비

1   오징어를 손질하여 통째로 살짝 데쳐서 동그랗게 썬다.
2   사과와 당근은 채를 썰어둔다.

조리하기

3   볼에 오징어와 사과, 당근을 넣고 초고추장으로 무친다.
4   송송 썬 쪽파와 참기름을 넣고 통깨를 뿌려 접시에 담아낸다.

응용요리

풋사과야채샐러드

재료

오징어 3마리, 당근 1/4, 사과 2, 쪽파 조금

양념

초고추장, 참기름, 통깨

풋사과야채샐러드 사과요리

사과로 만들 수 있는 일곱 번째 요리는 풋사과야채샐러드다. 풋사과는 요요가 없는 다이어트 과일로 잘 알려져 있다. 풋사과야채샐러드 만드는 방법은 크게 두 가지다. 깍둑썬 감자와 당근의 모양을 최대한 살린 것과 감자를 으깨서 만드는데, 여기서는 으깨는 방법을 소개한다.

재료

풋사과 3, 감자 1, 당근 1/4, 양파 1/2,
오이 1, 삶은계란 3

양념

마요네즈, 설탕, 후추, 소금, 건포도, 옥수수

조리전 준비

1 감자껍질을 벗기고 얇게 썰어 소금을 살짝 넣고 삶는다.

2 당근은 깍둑썰어 소금을 넣고 따로 삶는다.

3 양파는 채썰고, 오이와 풋사과는 껍질을 벗겨 깍둑썰기를 한다.

4 계란도 삶아서 준비한다.

조리하기

5 적당한 그릇에 삶은 감자와 계란을 넣고 잘 으깬다.

6 여기에 건포도, 옥수수, 설탕, 소금, 후추, 마요네즈를 넣고 잘 버무려 소금으로 간을 맞춘다.

응용요리

사과당근빵

사과당근빵

사과로 만들 수 있는 여덟 번째 요리는 사과당근빵이다. 사과당근빵은 씹으면 씹을수록 단맛이 살아나는데, 당뇨 혈당 조절에 부담 없이 맛있게 먹을 수 있다.

조리하기

1 모든 재료를 한꺼번에 믹서기에 넣고 간다.
2 이 재료를 그릇에 담아 랩을 씌우고 몇 군데 구멍을 내어 전자레인지에 8분간 쪄내면 빵이 완성된다.

재료

당근 1, 사과 1, 아몬드 1줌, 계란 2(2인분)

응용요리

사과칩만들기

사과말랭이고추장무침  사과요리

사과로 만들 수 있는 아홉 번째 요리는 사과말랭이고추장무침이다. 말린 사과는 생과일보다 비타민C는 5배, 칼슘은 10배, 비타민B2, 팩틴 등 영양소가 매우 높다. 사과 한 개로 7~9조각을 내어 말려서 고추장무침을 만들어 본다.

재료

사과말랭이 200g, 사과즙 1

양념

고추장 2, 고춧가루 1, 멸치액젓 1,
다진마늘 1, 참기름, 통깨, 올리고당

조리전 준비

1   볼에 사과즙을 넣고 양념을 풀어 양념장을 만든다.

조리하기

2   양념장에 사과말랭이를 넣고 조물조물 무친다.

3   참기름을 두르고 통깨를 뿌려 접시에 담아낸다.

응용요리

사과부침개

사과카레 사과요리

사과로 만들 수 있는 열 번째 요리는 사과카레다.

조리하기

1 감자와 당근, 사과, 양파는 얇게 채를 썬다.

2 팬에 식용유를 두르고 양파 먼저 볶는다.

3 양파에서 물이 나오기 시작하면 감자와 당근, 사과,
   돼지고기를 넣고 소금으로 간을 맞추면서 후추를 뿌려
   볶는다.

4 고기가 어느 정도 익으면 물을 붓고 카레와 강황가루를
   3대 2 비율로 넣고 뽀글뽀글 거품이 날 때까지 끓인다.

재료

감자 1, 당근 1/3, 양파 1, 사과 1,
돼지고기 300g

양념

카레와 강황가루, 후추, 소금

응용요리

사과김밥

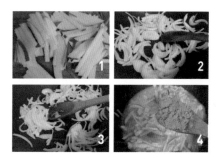

사과김밥 사과요리

사과로 만들 수 있는 열한 번째 요리는 사과김밥이다. 김밥 속에 사과가 들어가면 어떤 맛이 날까? 월간《전원생활》의 '요리남조리남' 코너 인터뷰를 하면서 시금치 대신 고구마꼬투리나물과 사과를 넣어 김밥을 만들었다.

재료

사과, 단무지, 우엉, 계란, 게맛살, 햄,
고구마꼬투리순

조리전 준비

1 고구마꼬투리순은 데쳐서 나물로 무친다.

2 계란은 지단을 부친다.

3 햄은 적당한 크기로 잘라 팬에 굽는다.

4 사과는 단무지 굵기와 비슷하게 썰어둔다.

조리하기

5 김에 밥을 올리고 재료를 넣고 김밥을 싼다.

응용요리

사과떡 만들기

만두피 없는 계란만두 만들기

만두 하면 반드시 만두피가 있어야 하는 것은 아니다.
만두피 없이 계란만두를 만들어 본다.

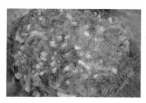  

재료

당면150g, 당근1/4, 쪽파 한줌, 청양고추3, 계란2

양념

굴소스2, 후추, 찹쌀가루

계란만두 만드는법

① 당면은 찬물에 조금 불렸다가 끓는 물에 삶아 낸 뒤 당면이 엉키지 않도록 잘게 썬다.

② 당근과 쪽파, 청양고추는 송송 썰어둔다.

③ 볼에 당근, 쪽파, 청양고추, 당면을 넣고 계란을 푼 다음, 후추와 굴소스를 넣고 찹쌀가루를
   조금 더 넣어서 양념이 배도록 10분 정도 재워둔다.

④ 팬에 만두 크기 정도로 반죽을 붓고 계란이 반 정도 익으면 반으로 접어 만두 모양으로
   고들고들하게 굽는다.

⑤ 간은 소금으로 맞춘다.

11월

제철
식재료

옥돔, 배추, 유자, 도미, 방어, 꼬막, 도로묵, 우렁이

청각된장찌개

김장김치 담글 때 빠지지 않는 재료 중 하나가 청각이다. 청각은 비타민과 무기질이 풍부하여 성인병과 비만을 방지하는 식재료로 각광받고 있다. 비타민C, 칼슘과 인이 풍부하여 어린이의 뼈 발육에도 좋고, 철분이 많아 여성들의 빈혈 예방에도 좋다. 또한 대장 연동운동을 돕는 섬유질이 많아 배변에 도움을 준다,

조리전 준비

1   청각을 물에 불려 흙물이 나오지 않을 때까지 씻는다.

2   홍합도 깨끗이 씻어둔다.

3   쌀뜨물에 동전육수 3알을 넣고 육수를 끓인다.

조리하기

4   육수에 청각과 된장, 청양고추, 홍고추를 넣고 팔팔 끓인다.

5   마지막에 홍합도 넣고 간은 멸치액젓으로 맞춘다.

응용요리

파래된장찌개

재료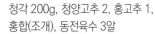

청각 200g, 청양고추 2, 홍고추 1, 홍합(조개), 동전육수 3알

양념

된장 1, 멸치액젓, 다진마늘 1

파래된장찌개

파래, 감태, 매생이, 김은 겨울철 조간대에서 자라는 해조류 4총사다. 이 가운데 파래, 감태, 매생이는 녹조류이고 김은 홍조류다. 감태는 줄기가 매생이보다 굵고 파래보다 가늘다. 파래에는 단백질, 무기염류, 비타민 등이 함유되어 있어 건강식으로 즐겨 먹는다. 전복이나 소라가 먹고, 물고기들이 알을 낳는 해중림의 하나다.

재료

파래 200g, 청양고추 2, 홍고추 1,
홍합(조개), 동전육수 3알

양념

된장, 멸치액젓, 다진마늘 1

조리전 준비

1 파래는 흐르는 물에 씻어 체에 받쳐 물기를 뺀다.
2 동전육수 3알을 넣고 육수를 끓인다.

조리하기

3 육수에 파래와 된장, 청양고추, 홍고추를 넣고 팔팔 끓인다.
4 다진마늘을 넣고 간은 멸치액젓으로 맞춘다.

응용요리

파래무침

파래무침

갑작스레 추워지면 겨울 제철 식재료인 해조류가 생각난다. 이맘때 사과농부는 파래로 김치를 담가 먹기도 한다. 파래는 다른 해조류에 비해 체내 콜레스테롤을 낮춰줘 많이 찾는 식재료다.

조리전 준비

1 파래를 적당한 길이로 자른다.
2 야채는 모두 채를 썰어둔다.

조리하기

3 큰 볼에 파래와 야채와 양념을 모두 넣고 조물조물 무친다.
4 간은 멸치액젓으로 맞춘다.
5 식초와 통깨를 뿌려 접시에 담아낸다.
6 냉장고에서 숙성되면 더욱 맛있다.

응용요리

청각김치담그기

재료

파래 200g, 청양고추 2, 쪽파 한줌, 양파 1/2, 당근,1/3, 풋고추3, 무 1/5

양념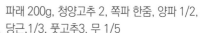

멸치액젓 3, 고춧가루 2, 다진마늘 1, 매실청 1, 식초 2, 통깨

청각김치

몸에 좋은 성분이 골고루 함유되어 있는 청각은 통통하고 색이 짙으며 윤기가 나는 것이 좋다. 비타민C, 칼슘과 인이 풍부하여 어린이의 성장 발육에 좋고, 철분이 많아 여성들의 빈혈 예방에도 효과가 있다. 또한 열량이 거의 없어 다이어트할 때 많이 먹어도 된다.

재료

청각 200g, 청양고추 2, 홍고추 1,
대파 또는 쪽파 조금

양념

멸치액젓 3, 고춧가루 1, 식초 1/2,
다진마늘, 올리고당, 참기름, 통깨

조리전 준비

1   잘 씻은 청각을 적당한 크기로 자른 후 물기를 꼭 짜서 5분 정도 볶아 상온에서 식힌다.

조리하기

2   양념을 넣고 잠시 재워두었다가 고춧가루, 청양고추, 홍고추, 대파를 넣고 버무린다.

3   참기름을 두르고 통깨를 뿌려 접시에 담아낸다.

응용요리

파래김치

대파무침

대파는 뿌리부터 잎, 줄기까지 활용도가 높은 식재료로, 우리나라 음식에서 빼놓을 수 없는 향신 채소 중 하나다. 대파에는 두 가지 맛이 있는데, 생으로 사용할 때는 알싸한 매운맛과 특유의 향이 있으며, 익히면 단맛을 낸다. 대파 잎에는 베타카로틴이 많이 함유되어 있고, 흰 줄기에는 비타민C 함량이 사과보다 5배 많이 함유되어 있다.

조리전 준비

1 대파는 팔팔 끓는 물에 데쳐 찬물에 헹군 후 적당한 길이로 자른다.

조리하기

2 물기를 꼭 짠 후 볼에 담고 양념을 넣어 조물조물 무친다.
3 참기름을 두르고 통깨를 뿌려 접시에 담아낸다.

응용요리

대파구이

재료

대파 300g

양념

멸치액젓 2, 다진마늘 1, 고춧가루 1, 참기름, 통깨

고구마생채무침

간식으로 많이 먹는 고구마는 밥보다 열량이 낮고 위에 머물러 있는 시간이 길어 포만감을 주며, 식이섬유가 많아 변비 예방에도 효과적인 식재료다. 이 고구마로 생채무침을 만들어 본다.

재료

고구마 3개(300g), 쪽파 또는 대파 한줌

양념

다진마늘 1/2, 고춧가루 1, 설탕 1/2, 멸치액젓 1, 식초 1, 참기름, 통깨

조리전 준비

1 고구마 껍질을 벗겨 가늘게 채를 썰어 물에 10분 정도 담가 전분기를 빼준다.

2 그리고 채반에 올려 물기를 뺀다.

조리하기

3 볼에 고구마를 넣고 양념을 넣어 조물조물 무친다.

4 참기름을 두르고 통깨를 뿌려 접시에 담아낸다.

응용요리

고구마김가루생채무침

고구마김가루생채무침

고구마는 식이섬유가 풍부해 다이어트 식사에 많이 활용
되고 있다. 이번에는 고구마김가루생채무침이다.

조리전 준비

1　고구마 껍질을 벗겨 가늘게 채를 썰어 물에 10분 정도
　　담가 전분기를 빼준다.

2　그리고 채반에 올려 물기를 뺀다.

조리하기

3　볼에 고구마를 넣고 양념을 넣어 조물조물 무친다.

4　참기름을 두르고 김가루와 통깨를 뿌려 접시에
　　담아낸다.

응용요리

고구마생채

재료

고구마 2개, 김가루

양념

멸치액젓, 설탕, 참기름, 통깨

12월

제철
식재료

톳, 꼬막, 홍합, 명태, 아귀, 한라봉, 피조개

톳나물두부무침

겨울철 식재료에는 해조류가 많다. 그중 톳은 무기질과 철분이 풍부하고, 김은 단백질과 비타민이 풍부하다. 톳과 김 모두 성인병과 비만 예방에 좋다. 오돌오돌 식감이 좋은 톳과 두부로 무침을 만들어 본다. 톳을 더 신선하고 맛있게 먹으려면, 톳을 물에 불릴 때 식초를 조금 넣으면 비린 맛이 사라진다.

조리전 준비

1   흐르는 물에 지저분한 것들을 털어낸 다음 찬물에 담가 20~30분 정도 불린다.

2   톳을 팔팔 끓는 물에 넣고 초록색으로 변하면 꺼낸다.

조리하기

3   데쳐낸 톳에 두부 반모와 다진마늘, 멸치액젓, 참기름, 통깨를 넣고 두부가 잘게 으깨질 정도로 무치면 된다.

응용요리

톳밥

재료

톳 200g, 두부 반모

양념

멸치액젓 2, 다진마늘 1, 참기름, 통깨

꼬막야채무침

찬바람이 불면 쫄깃한 꼬막이 생각난다. 꼬막은 2월에 가장 맛있다고 하지만 여름부터 살을 찌워 겨울에 제맛이 난다. 달달하고 피맛이 나는 참꼬막, 핏물이 줄줄 새는 피꼬막, 쫄깃한 식감이 매력적인 새꼬막 등 종류가 다양해 골라 먹는 재미가 있다. 꼬막은 영양도 만점이다. 철분이 많아 빈혈에 좋고 겨울철 원기 회복에도 최고다.

재료

피꼬막 200g, 양파 1/2, 청양고추 2,
홍고추 2, 당근 1/4, 상추, 미나리 한줌

양념

초고추장, 매실청, 다진마늘, 고춧가루,
참기름, 통깨

조리전 준비

1 피꼬막에 소금을 조금 넣고 살짝 데친 후 건져낸다.
2 모든 야채는 채를 썰어둔다.

조리하기

3 볼에 데친 꼬막과 양념을 넣고 조물조물 무친다.
4 참기름을 두르고 통깨를 뿌려 접시에 담아낸다.

응용요리

꼬막조림

꼬막조림

겨울철이 되면 어머니는 아버지가 좋아하시던 꼬막조림을 자주 해주셨다. 꼬막조림은 반꼬막, 깐꼬막으로 할 수 있는데, 아버지가 드시기 편하게 깐꼬막으로 조림을 만드셨다.

조리전 준비

1   쌀을 씻어 쌀뜨물을 꼬막 양만큼 만든다.

2   꼬막을 삶아서 껍질을 깐다.

조리하기

3   냄비에 꼬막이 잠길 정도의 쌀뜨물을 붓고 청양고추, 다진마늘을 넣어 끓인다.

4   간은 소금 또는 멸치액젓으로 맞춘다.

5   국물이 자박하게 졸아들면 대파나 쪽파를 넣고 한소끔 더 끓인다.

6   통깨를 뿌려 그릇에 담아낸다.

응용요리

꼬막순두부찌개

재료

꼬막 200g, 청양고추 2, 대파 또는 쪽파

양념

고춧가루 1, 다진마늘 1/2, 소금 또는 멸치액젓, 통깨

꼬막순두부찌개

알꼬막에 순두부를 넣어 꼬막순두부찌개를 끓이면 또 다른 맛을 즐길 수 있다.

재료

알꼬막 300g, 순두부 1개, 계란 2알,
청양고추 2, 대파, 동전육수 2알

양념

고춧가루1, 다진마늘1/2,
소금 또는 멸치액젓, 통깨

조리전 준비

1   동전육수 2알을 넣어 육수를 끓이고, 알꼬막은 소금을
    조금 넣고 살짝 데쳐낸다.

조리하기

2   육수가 끓으면 청양고추, 순두부, 꼬막을 넣는다.

3   육수에 기본 간이 되어 있지만 소금 또는 멸치액젓으로
    간을 맞추고, 고춧가루와 다진마늘을 넣는다.

4   계란을 풀어 넣고 한소끔 더 끓인다.

5   통깨를 뿌려 그릇에 담아낸다.

응용요리

꼬막간장무침

꼬막간장무침

꼬막은 살이 달큰하고 쫄깃해서 막 삶아서 먹으면 진짜 맛있다. 사과농부는 꼬막을 삶아 껍질을 다 까서 알맹이만 가지고 반찬을 만든다.

조리전 준비

1   꼬막을 삶아 껍질을 깐다.

2   청양고추와 쪽파는 송송 썰어둔다.

조리하기

3   볼에 꼬막과 청양고추, 쪽파, 양념을 넣고 조물조물 무친다.

4   참기름을 두르고 통깨를 뿌려 접시에 담아낸다.

응용요리

꼬막야채무침

재료

꼬막 300g, 청양고추 2, 쪽파 한줌

양념

진간장 2, 고춧가루 1, 매실청 1, 참기름, 통깨

홍합탕

한겨울 포장마차에서 즐겨 먹던 뽀얀 국물에 담백하고 시원한 홍합탕. 홍합에는 칼슘, 인, 철분 등이 많이 들어 있고 비타민A, 비타민B2가 풍부하다. 보통 탕으로 끓여 먹거나 국, 찌개, 찜, 샐러드 재료로도 쓰인다.

재료

홍합 1kg, 청양고추 2. 홍고추 1,
애호박 1/2, 동전육수 3알

양념

된장 1, 소금

조리전 준비

1   껍질에 있는 지저분한 것들을 씻어내고 가장자리 검은 수염도 떼어낸다.

2   야채는 적당한 크기로 썰어둔다.

3   동전육수 3알을 넣고 육수를 낸다.

조리하기

4   육수에 된장, 청양고추, 홍고추, 애호박을 넣고 끓인다.

5   팔팔 끓기 시작하면 홍합을 넣고 국물이 뽀얘질 때까지 끓이면서 소금으로 간을 맞춘다.

응용요리

조개탕

물메기탕

겨울철 통영, 거제, 삼천포에서 많이 잡히는 물메기는 탕으로도 끓여 먹고, 말려서 쪄먹기도 한다. 남해안의 겨울철 별미인 물메기탕을 소개한다.

조리전 준비

1   물메기는 내장을 분리하고 지느러미를 제거한 뒤 흐르는 물에 깨끗이 씻는다.

2   동전육수 3알을 넣고 육수를 낸다.

조리하기

3   육수에 된장, 청양고추, 무를 썰어 넣고 팔팔 끓이다가 물메기를 넣어 한 번 더 끓인다.

4   대파, 미나리, 홍고추를 넣고, 간은 소금으로 맞춘다.

응용요리

조개탕

재료

물메기 2마리, 무 50g, 미나리 한줌,
대파 1, 청양고추 2, 홍고추1, 동전육수 3알

양념

된장 1, 다진마늘 1, 고춧가루 1, 소금

고추참치순두부찌개

순두부찌개는 쉽게 끓일 수 있는 국민 반찬이다. 순두부찌개 하나만 있으면 다른 반찬이 필요 없을 정도다. 순두부찌개는 넣는 재료에 따라 해물순두부, 묵은지순두부, 고기순두부 등 이름을 붙일 수 있다. 여기서는 고추참치를 이용한 순두부찌개를 소개한다.

재료

순두부 1, 고추참치캔 1, 대파 1, 양파 1/2,
애호박 1/2, 팽이버섯 1/2, 계란 2,
청양고추 2, 동전육수 2알

양념

고춧가루 1, 멸치액젓 1, 국간장 1,
다진마늘 1, 후추

조리전 준비

1   대파, 양파, 청양고추, 홍고추는 송송 썰고, 애호박은 넓적하게 썰어둔다.

조리하기

2   냄비에 식용유를 두르고 송송 썬 대파를 볶으면서 고추참치와 고춧가루를 조금 넣고 볶는다.

3   양파를 넣고 양파색이 투명해질 때까지 볶다가 순두부를 넣는다.

4   물을 적당히 붓고 동전육수와 애호박을 넣는다.

5   소금으로 간을 맞추면서 다진마늘, 계란, 대파, 팽이버섯을 넣고 후추와 통깨를 뿌려 그릇에 담아낸다.

응용요리

순두부참치짜글이

멸치육수 만들기

 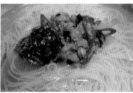 

재료

통멸치 50g, 양파 1/2, 청양고추 2, 새우젓갈 1

멸치육수 만들기

① 팬에 통멸치를 볶는다. 불은 중불이 좋다. 취향에 따라 멸치똥을 제거하기도 하는데,
   사과농부는 그대로 사용한다.

② 물 2리터에 멸치, 양파, 청양고추, 새우젓을 넣고 팔팔 끓인다.

③ 촘촘한 채반에 걸러서 건더기를 걷어내고 잔치국수 또는 다른 육수로 사용하면 된다.

양념장 만들기

멸치액젓 2, 진간장 6, 고춧가루 2. 다진마늘 1, 대파, 청양고추를 넣고 참기름 1, 설탕 1/2를 넣어
잘 섞으면 맛있는 양념장이 된다.

조리법으로 알아보는
집밥 레시피

국 요리

국시기김칫국

묵은지로 끓인 김치국밥을 국시기, 갱시기, 갱죽이라고 한다. 1970년대 이전, 먹고 살기 힘든 시절에 먹던 음식이다. 어릴 적 한겨울에 어머니는 식은밥으로 김치국밥을 한 솥씩 끓이셨다. 국시기는 따뜻한 것도 좋지만, 식은 것도 맛있다.

조리전 준비

1   묵은지는 국물을 버리지 말고 송송 썰어둔다.
2   콩나물은 씻어 두고, 대파도 송송 썰어둔다.

조리하기

3   냄비에 물을 붓고 동전육수, 묵은지를 넣고 팔팔 끓인다.
4   간은 멸치액젓으로 맞추고 밥과 콩나물, 대파를 넣고 한소끔 더 끓여낸다.

재료

밥 1공기, 묵은지 300g, 콩나물 100g, 대파 1, 동전육수 3알

양념

멸치액젓

들깨시래깃국

겨울철에 딱 맞는 국이 시래깃국이다. 시래기는 짜글이도 맛있지만, 청양고추를 넣고 된장을 풀어 들깻가루 듬뿍 넣고 끓인 시래깃국만 있으면 다른 반찬이 더 필요하지 않다.

재료

시래기 500g, 청양고추 2, 동전육수 3알

양념

된장 1, 멸치액젓, 들깻가루, 통깨

조리전 준비

1   시래기와 청양고추를 송송 썰어둔다.

조리하기

2   냄비에 물을 붓고 된장, 동전육수, 시래기, 청양고추를 넣고 팔팔 끓인다.

3   간은 멸치액젓으로 맞추고, 들깻가루를 듬뿍 넣어 한소끔 더 끓여낸다.

청국장

청국장은 냄새가 아주 강한 콩 발효 찌개다. 요즘 나와 있는 청국장은 종류가 다양하여 입맛대로 골라 맛있는 청국장을 끓여 먹을 수 있다. 청국장에 밥을 말아서 먹기도 하지만 한 숟가락씩 떠서 비벼 먹는다.

조리전 준비

1 양파, 애호박, 감자는 네모나게 썰고, 청양고추, 홍고추, 대파는 송송 썰어둔다.

2 묵은지도 송송 썰고, 두부는 네모나게 작게 썰어둔다.

조리하기

3 냄비에 물(3컵)을 붓고 동전육수와 감자, 묵은지, 청국장과 된장을 넣고 끓인다.

4 거품을 걷어내고 양파, 애호박, 두부, 청양고추, 다진마늘을 넣고 끓인다.

5 한소끔 더 끓여 대파와 홍고추를 넣고 그릇에 담아낸다.

재료

청국장 1개, 양파 1/2, 대파 1, 애호박 1/2, 청양고추 2, 홍고추1, 감자 1/2, 묵은지와 두부 1/2, 동전육수 3알

양념

된장 1, 다진마늘 1

소고기뭇국

무와 소고기를 넣고 따끈하게 끓인 소고기뭇국은 시원하고 구수해서 자주 끓여 먹게 되는 국 중 하나다. 김장을 하고 남은 무를 활용해서 맛있는 소고기뭇국을 만들어 보자.

재료

국거리용 소고기 300g, 무 500g,
청양고추 2, 홍고추 1, 동전육수 3알

양념

다진마늘1, 참기름, 후추

조리전 준비

1 무는 얇게 채를 썰고, 청양고추와 홍고추는 송송
   썰어둔다.
2 소고기는 적당한 크기로 자른 후 소금과 후추,
   다진마늘을 넣고 재워둔다.

조리하기

3 달궈진 팬에 재워둔 소고기와 참기름을 넣고 볶는다.
4 냄비에 물을 붓고 동전육수와 채썬 무, 볶은 소고기를
   넣고 청양고추와 홍고추를 넣어 팔팔 끓인다.
5 간은 소금으로 맞춘다.

닭뭇국

닭뭇국은 닭다리살과 닭가슴살을 적당한 크기로 잘라 무를 듬뿍 넣고 시원하고 담백하게 끓인 국이다.

조리전 준비

1   무는 얇게 네모나게 썰고, 청양고추와 대파는 송송 썰어둔다.

2   표고버섯도 적당한 크기로 썰어둔다.

3   닭은 잡내를 제거하기 위해 팔팔 끓는 물에 살짝 삶아 찬물에 헹궈 물기를 뺀다.

조리하기

4   냄비에 물을 붓고 동전육수와 무와 삶은 닭을 넣고 끓인다.

5   어느 정도 무가 익으면 대파, 표고버섯, 청양고추, 다진마늘을 넣고 한소끔 더 끓인다.

6   간은 소금으로 맞추고, 후추는 기호에 따라 뿌린다.

재료

닭다리와 닭가슴살, 대파 1/2,
표고버섯 100g, 청양고추 2, 동전육수 3알

양념

다진마늘 1, 후추

콩나물소고깃국

소고기는 국거리용도 있고 조림용, 구이용 등 다양하다.
콩나물을 넣고 시원한 콩나물소고깃국을 끓여보자.

재료

국거리용 소고기 300g, 콩나물 200g.
청양고추 2. 홍고추 1. 대파 1, 양파 1/2,
표고버섯 3. 동전육수 3알

양념

고춧가루 2, 다진마늘 1, 통깨, 후추

조리전 준비

1 양파와 표고버섯은 얇게 채썰고, 청양고추와 홍고추는
   송송 썰어둔다. 대파는 비스듬히 길게 썰어둔다.

2 소고기는 적당한 크기로 자른 후 소금과 후추, 다진마
   늘을 넣고 재워둔다.

조리하기

3 달궈진 팬에 재워둔 소고기와 참기름을 넣고 볶는다.

4 냄비에 물을 붓고 동전육수와 야채, 볶은 소고기를
   넣고 청양고추와 홍고추를 넣어 팔팔 끓인다.

5 어느 정도 끓으면 콩나물을 넣고 다진마늘, 고춧가루,
   대파를 넣고 한소끔 더 끓여낸다.

6 간은 소금으로 맞추고, 통깨와 후추를 뿌려 담아낸다.

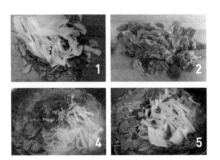

황태계란국

해장국은 재료에 따라 다양하게 만들 수 있다. 해장국 하면 콩나물해장국, 우거지해장국, 선지해장국 등 아주 많지만, 끓이는 방법은 비슷비슷하다.

조리전 준비

1   무는 얇게 사각으로 썰고, 청양고추와 홍고추는 송송 썬다. 대파는 비스듬히 길게 썰어둔다.

2   황태포를 잘게 찢어서 물에 불리지 않고 계란옷을 입혀둔다.

조리하기

3   냄비에 물을 붓고 동전육수와 채썬 무, 황태, 청양고추, 홍고추를 넣고 팔팔 끓인다. 계란옷을 입힌 황태를 넣고 휘이 젓지 않는 게 좋다.

4   어느 정도 끓으면 다진마늘, 대파를 넣고 한소끔 더 끓인다.

5   간은 소금으로 맞추고 통깨를 뿌려 담아낸다.

재료

황태포 1, 계란 3, 무 100g, 청양고추 2, 홍고추 1, 대파 1, 동전육수 3알

양념

다진마늘 1, 통깨

매생이굴국

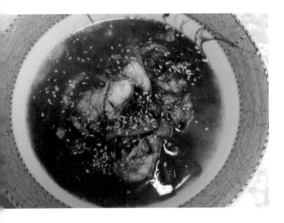

매생이는 참 좋은 식재료다. 어린이 성장 발육 촉진에 도움을 주는 영양성분을 많이 가지고 있기 때문이다. 여기에 굴을 넣어 끓이면 첨상첨화다.

재료

매생이 300g, 생굴 200g, 무 150g, 청양고추 2, 동전육수 3알

양념

된장 1, 멸치액젓, 다진마늘 1

조리전 준비

1   매생이는 가위로 듬성듬성 잘라 채반에 담고 흐르는 물에 손으로 저어가며 씻어서 물기를 꼭 짠다.

2   무는 가늘게 채를 썰어둔다.

3   굴도 소금물에 씻어서 물기를 뺀다.

조리하기

4   냄비에 물을 붓고 동전육수, 무, 청양고추를 넣고 팔팔 끓인다.

5   무가 어느 정도 익으면 매생이와 굴을 넣고 소금으로 간을 맞춰 한소끔 더 끓인다.

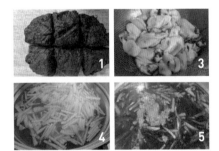

다슬기부추된장국

물살이 세고 깊은 강 바위틈이나 강바닥에서 볼 수 있는 다슬기는 시력 보호, 간기능 회복, 숙취 해소 등에 효과가 있으며, 철분 함유량이 많아 빈혈에도 도움이 되고, 술 마신 뒤 속풀이에 아주 좋다. 부추를 넣고 다슬기부추된장국을 끓여본다.

조리전 준비

1 물 300ml에 동전육수 2알을 넣고 육수를 끓인다.

2 부추, 파, 청양고추는 송송 썰어둔다.

조리하기

3 육수에 된장과 다슬기를 넣고 청양고추, 다진마늘을 넣어 팔팔 끓으면, 부추와 파를 넣는다.

4 통깨를 뿌려 그릇에 담아낸다.

재료

다슬기 200g, 부추 한줌, 파 조금, 청양고추 2, 동전육수 2알

양념

된장 2, 다진마늘 1, 통깨

삼겹살
요리

삼겹살고추장구이

조리전 준비

1 볼에 양념을 모두 넣고 양념장을 만든다.

2 통마늘은 3조각으로 자르고, 대파는 길쭉하게,
    쪽파는 송송 썬다.

3 종이호일을 넉넉히 준비한다.

조리하기

4 삼겹살에 양념장을 골고루 바른다.

5 팬에 고추장이 눌러붙지 않도록 종이호일을 깔고 양념
    을 바른 삼겹살을 굽는다. 이때 종이호일은 삼겹살 크
    기의 두 배 정도 길이로 자른다.

6 한 면이 구워지면 뒤집어서 대파와 마늘을 넣고 후추를
    뿌린 후 남은 종이호일을 덮고 뒤집어 굽는다.

7 마지막에 적당한 크기로 잘라 접시에 담고 쪽파와 통깨
    를 뿌려준다.

재료

삼겹살 1근, 통마늘 10, 대파 1, 쪽파 한줌

양념

고추장 2, 고춧가루 1, 진간장 1, 설탕 1/2,
굴소스 1, 맛술 1, 다진마늘 1, 후추, 통깨

오삼불고기

조리전 준비

1 양념장을 만들어 오징어와 버무려 20~30분 정도 재워
둔다.

2 양배추, 양파, 대파, 당근, 청양고추는 적당한 크기로
썰어둔다.

조리하기

3 팬에 식용유를 두르고 삼겹살을 노릇노릇하게 구워
적당한 크기로 자른다.

4 삼겹살을 구워낸 팬에 야채를 모두 넣고 간장을 조금
붓고 볶는다.

5 팬 한쪽에 야채를 두고, 양념이 배인 오징어를 볶는다.

6 그런 다음 삼겹살을 넣고 함께 버무린다.

7 통깨를 뿌려 접시에 담아낸다.

재료

삼겹살 600g, 오징어 2마리, 양배추 1/4,
양파 1, 대파 1, 당근1/4, 청양고추 3

양념

고춧가루 2, 맛술 1, 설탕 1, 진간장 2,
된장 1, 다진마늘 1, 생강 1/2, 굴소스 1,
통깨

대패삼겹살미나리구이

조리전 준비

1 미나리를 대패삼겹살 폭과 비슷한 크기로 자른다.

2 대패삼겹살을 펴서 미나리를 놓고 동그랗게 만다.

3 화덕에 불을 피워 놓는다.

조리하기

4 석쇠 위에 대패삼겹살을 나란히 놓고 소금을 살살 뿌려가며 굽는다.

5 그런 다음 초고추장에 찍어서 먹는다.

재료

대패삼겹살 600g, 미나리 300g

양념

소금, 초고추장

대패삼겹살샐러드

재료

대패삼겹살 600g, 양파 1/2, 당근 1/4, 부추

양념

진간장 3, 맛술 1, 다진마늘 1, 식초 1,
고춧가루 2, 설탕 1/2, 통깨

조리전 준비

1 양파와 당근은 얇게 채를 썰고, 부추는 적당한 크기로
자른다.

2 양념장은 새콤달콤하게 만든다.

조리하기

3 팬에 대패삼겹살을 굽는다.

4 삼겹살이 노릇하게 구워지면 큰 볼에 야채를 넣고 구운
고기와 양념을 잘 섞어주면 맛있는 대패삼겹살샐러드
가 완성된다.

5 통깨를 뿌려 접시에 담아낸다.

대패삼겹살육전

조리전 준비

1 대패삼겹살에 소금과 후추를 뿌려 15분 정도 재워둔다.

2 대파는 어슷썰기를 해 양념을 넣고 파조리개를 만든다.

3 부침가루와 찹쌀가루를 1 : 1 비율로 섞는다.

4 계란 2개를 풀어 소금을 넣고 계란물을 만든다.

조리하기

5 팬에 식용유를 두르고 가루에 묻혀 계란옷을 입힌 대패삼겹살을 굽는다.

6 접시에 대패삼겹살 육전을 동그랗게 놓고 가운데 파조리개를 올려주면 완성이다.

재료

대패삼겹살 400g, 대파 2, 계란 2

양념

고춧가루 3, 진간장 1, 식초 3, 설탕 1, 참기름, 다진마늘 1, 통깨, 부침가루, 찹쌀가루

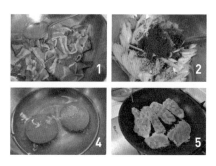

대패삼겹살부추양파무침

조리전 준비

1 부추는 적당한 크기로 자르고, 양파는 채를 썰어둔다.

2 양념을 하기 전에 대패삼겹살에 맛소금과 후추를 뿌려
 밑간을 한다.

조리하기

3 볼에 부추와 양파를 넣고 양념이 골고루 묻도록
 잘 섞어준다.

4 팬에 대패삼겹살을 굽는다.

5 구운 대패삼겹살을 부추무침 위에 올린다.

6 통깨를 뿌려 접시에 담아낸다.

재료

대패삼겹살 400g, 부추 한줌, 양파 1/2

양념

진간장 3, 맛술 1, 다진마늘 1, 식초 1,
고춧가루 2, 설탕 1/2, 통깨

통삼겹살김치찜

조리전 준비

1 양파, 대파, 청양고추는 썰어둔다.
2 통삼겹살에 된장을 골고루 발라 잠시 재워둔다.

조리하기

3 달궈진 팬에 통삼겹을 올리고 후추를 뿌려 바삭하게 굽는다.
4 삼겹살 기름이 나오면 묵은지를 넣는다.
5 김치국물, 된장, 다진마늘, 설탕을 넣고 30분 정도 끓인다.
6 양념이 잘 배게 구운 고기를 한 번 뒤집어준다.
7 양파, 청양고추, 대파, 두부도 넣는다.
8 고기와 김치를 먹기 좋은 크기로 잘라준다.
9 접시에 담고 통깨를 뿌린다.

재료

통삼겹살 600g, 양파 1/2, 청양고추 2,
대파 1, 묵은지, 두부

양념

된장 2, 김치국물, 설탕 1, 다진마늘 1,
후추, 통깨

조림요리

갈치조림

조리전 준비

1 갈치는 적당한 길이로 토막을 낸다.

2 무는 1cm 두께로 썰어둔다.

3 청양고추, 홍고추, 대파는 송송 썰고, 표고버섯도 적당한 크기로 썰어둔다.

4 물 1컵(200ml)에 양념을 넣고 양념장을 만든다.

조리하기

5 냄비 바닥에 무를 넣고 그 위에 갈치를 얹은 다음 냄비 가장자리에 표고버섯을 두르고, 썰어둔 야채를 모두 올린다.

6 양념장을 골고루 붓고 끓인다.

7 국물이 자박하게 졸여지면 콩나물과 대파를 넣고 한소끔 끓인다.

8 통깨를 넉넉히 뿌려서 접시에 담아낸다.

응용요리

고사리갈치조림, 반건조갈치조림, 감자갈치조림

재료

갈치 2마리, 무 200g, 청양고추 2, 홍고추 1,
대파 1, 표고버섯150g, 콩나물 200g

양념

진간장 3, 멸치액젓 1, 된장 1, 생강가루 1/2,
다진마늘 1, 고춧가루 3, 고추장 1, 통깨

마른풀치조림

재료

풀치 200g, 고사리 300g, 양파 1/2,
표고버섯 50g, 청양고추 2. 홍고추 1, 대파 1

양념

진간장 3, 멸치액젓 1, 된장 1, 생강가루 1/2,
다진마늘 1, 고춧가루 3, 고추장 1, 통깨

조리전 준비

1 풀치를 적당한 길이로 잘라둔다.

2 마른고사리는 물에 불려 삶는다.

3 양파는 채를 썰고, 청양, 홍고추, 대파는 송송 썰고,
표고버섯도 적당한 크기로 자른다.

4 물 1컵에 양념을 넣고 양념장을 만든다.

조리하기

5 냄비 바닥에 고사리를 놓고 풀치를 올린 다음 표고버섯
과 썰어둔 야채를 모두 올린다.

6 양념장을 골고루 붓고 끓인다.

7 국물이 자박하게 졸아들면 대파를 넣고 한소끔 끓인다.

8 통깨를 넉넉히 뿌려 접시에 담아낸다.

응용요리

조기조림

꼴뚜기조림

조리전 준비

1   꼴뚜기는 찬물에 10분 정도 담가 짠기를 뺀다.

2   무와 감자는 1cm 두께로 썰어둔다.

3   청양고추, 홍고추, 대파는 송송 썰어둔다.

4   물 1컵에 양념을 넣고 양념장을 만든다.

조리하기

5   꼴뚜기는 밑간이 되어 있어 다른 간을 할 필요가 없고, 팬에 들기름과 올리고당, 다진마늘을 넣고 중불에서 조린다.

6   거의 다 졸여지면 썰어둔 청양고추, 홍고추, 대파를 넣는다.

7   통깨를 넉넉히 뿌려 접시에 담아낸다.

응용요리

멸치조림

재료

꼴뚜기 200g, 청양고추 2. 홍고추 1

양념

들기름, 올리고당 2, 다진마늘1/2, 통깨

삼복더위
보양식

초복에 먹는 보양식

장어탕

장어탕은 삼복더위 중 초복에 먹는 보양식이다. 초복에는 삼계탕 대신 힘이 좋은 바닷장어로 장어탕을 끓여서 먹는다. 어머니는 여름날 시장에 가시면 새끼 장어를 사와 푹 삶아서 육수를 내고 몇 마리는 썰어 넣고 장어탕을 끓여 주셨다.

조리전 준비

1   동전육수 3알을 넣어 육수를 만드는데 대파, 청양고추, 통마늘, 통후추, 소주 2잔 정도를 넣고 끓인다.

조리하기

2   육수에 된장을 풀고 양파, 고사리, 토란대, 고춧가루, 멸치액젓, 다진마늘과 손질해 둔 장어를 넣고 끓인다.

3   장어를 삶아 체에 걸러 뼈를 골라내기도 하지만 장어뼈에도 좋은 영양성분이 있어 사과농부는 장어를 적당히 잘라 통째 넣고 끓인다.

4   한소끔 끓으면 숙주와 들깻잎을 넣어 보글보글 끓이면 된다. 이때 들깻가루는 취향에 따라 넣으면 된다.

5   장어탕이 다 끓으면 간은 소금으로 맞춘다.

재료

바닷장어 1kg, 동전육수 3알, 대파 1, 청양고추 3, 통마늘 6, 통후추, 소주 2잔, 고사리 150g, 버섯 50g, 토란대 120g, 숙주나물 50g, 대파 1, 양파1/2, 깻잎 10장

양념

된장 1, 고춧가루 2, 다진마늘 1, 멸치액젓 1, 참기름, 소금

오리훈제야채볶음

초복에는 장어탕으로 더위를 이기고, 중복에는 오리훈제 요리를 먹는다. 오리고기는 부추와 궁합이 잘 맞아 오리고기부추소금구이가 제격이다. 이번에는 양파, 오이, 당근, 청양고추, 팽이버섯을 넣고 오리훈제야채볶음을 해본다.

재료

오리훈제 200g, 양파 1/2, 당근 1/4,
청양고추 3, 오이 1/2, 팽이버섯 조금

양념

된장 1, 고춧가루 2, 다진마늘 1, 멸치액젓 1,
참기름, 소금

조리전 준비

1   양파는 채썰고, 오이는 동그랗게, 당근은 4조각으로 썬다. 청양고추는 송송 썰어둔다.

조리하기

2   팬에 기름을 두르지 않고 오리고기와 양파, 다진마늘, 청양고추, 소금을 넣고 볶는다.

3   여기에 당근과 오이, 청양고추를 넣고 더 볶는다.

4   마지막에 팽이버섯을 넣고 참기름을 두른 다음 후추와 통깨를 뿌려 접시에 담아낸다.

말복에 먹는 보양식

문어무침

중복을 지나 8월 10일경 여름의 끝이라는 말복이 온다.
이때 대표적인 해산물은 전복, 장어, 문어, 낙지, 민어 등
을 꼽을 수 있다. 말복에는 보양식으로 문어무침을 만들
어 먹어보자.

조리하기

1 문어는 팔팔 끓는 소금물에 커피를 한 스푼 넣고
   데친다.

2 데친 문어를 얇게 포를 뜨듯 썰어서 청양고추, 홍고추
   를 다져 넣고 맛소금으로 간을 한 다음, 참기름을 넉넉
   히 두르고 통깨를 뿌려 담아낸다.

재료

문어 1마리, 청양고추 3, 홍고추 1

양념

참기름, 맛소금, 통깨

봄철에 나는 식재료와 음식

- **입춘(2월 4일)** 봄의 시작을 알리는 때다.

   대표 음식 : 오신반(五辛盤), 세생채(細生菜), 입춘채(立春菜)
   제철 식재료 : 달래, 냉이, 씀바귀, 봄동, 유채, 한라봉, 바지락, 아귀, 도미

- **우수(2월 19일)** 비가 내리고 싹이 트는 때다

   대표 음식 : 오곡밥, 묵은나물, 부럼, 귀밝이술

   오곡밥은 찹쌀, 수수, 조, 검은콩, 팥 5가지 곡식을 섞어 지은 밥이다.

   묵은나물은 박나물, 가지, 호박, 무청, 고사리, 토란줄기, 아주까리, 다래순 등 말린나물을 양념하여 기름에 볶아서 먹는다.

   부럼은 생밤, 호두, 은행, 잣 등 견과류다.

- **경칩(3월 6일)** 개구리가 잠에서 깨어난다는 때다.

   제철 식재료 : 달래, 냉이, 고들빼기, 돌나물, 두릅, 딸기, 쑥, 부추, 산마늘

- **춘분(3월 21일)** 낮이 길어지기 시작하는 때다.

   대표 음식 : 나이떡

   춘분에는 송편과 비슷한 나이떡을 해서 먹었다고 한다.

- **청명(4월 5일)** 봄농사를 준비하는 때다.

   대표 음식 : 쑥떡, 화전, 찰밥, 취나물, 숙주나물, 도다리쑥국
   제철 식재료 : 더덕, 주꾸미, 소라, 도라지, 가지, 갑오징어

- **곡우(4월 20일)** 농사비가 내리기 시작하는 때다.

   제철 식재료 : 조기, 방풍나물, 바지락, 녹차

여름철에 나는 식재료와 음식

● **입하(5월 6일)** 여름의 시작을 알리는 때다.

제철 식재료 : 쑥, 표고버섯, 두릅, 키조개, 매실, 참다랑어, 소라, 멜론, 꼴뚜기, 재첩, 뱅어, 밴댕이

● **소만(5월 21일)** 본격적으로 농사를 시작하는 때다.

제철 식재료 : 죽순, 냉잇국, 씀바귀, 상추, 쑥갓, 시금치

● **망종(6월 6일)** 씨뿌리기를 할 때다.

제철 식재료 : 보리, 매실, 오미자

● **하지(6월 21일)** 낮이 연중 가장 긴 때다.

대표 식재료 : 감자. 마늘종, 참외, 전복, 복분자, 살구

● **소서(7월 7일)** 여름 더위의 시작을 알리는 때다.

대표 음식 : 제철나물국수, 수제비, 콩국수, 민어찜
제철 식재료 : 민어, 갈치

● **대서(7월 23일)** 더위가 가장 심한 때다.

제철 식재료 : 옥수수, 블루베리, 도라지, 수박, 복숭아, 애호박, 가지, 햇밀,
햇보리, 열무, 자두, 구기자, 전갱이, 붕장어, 갈치

- **입추(8월 8일)** 가을의 시작을 알리는 때다.

  제철 식재료 : 전복, 민어, 무화과, 고구마줄기, 참나물, 방아잎

- **처서(8월 23일)** 일교차가 커지는 때다.

  대표 음식 : 추어탕, 현미밥, 오이냉국
  제철 식재료 : 미꾸라지, 오이

- **백로(9월 8일)** 이슬이 내리는 때다.

  제철 식재료 : 귤, 고등어, 대하, 배, 사과, 석류, 은행, 광어, 고들빼기, 도토리, 토란, 송이버섯, 밤, 녹두, 쪽파, 순무

- **추분(9월 23일)** 밤이 길어지는 때다.

  제철 식재료 : 버섯류

- **한로(10월 8일)** 찬 이슬이 내리기 시작하는 때다.

  대표 음식 : 추어탕
  제철 식재료 : 무, 꽁치, 늙은호박, 삼치, 해삼, 검은콩, 박대, 빠가사리, 학꽁치, 가자미, 고춧잎, 임연수, 전어, 갓, 우렁이

- **상강(10월 24일)** 서리가 내리기 시작하는 때다.

  대표 음식 : 국화주, 홍시, 화채

24절기와 세시음식
겨울철에 나는 식재료와 음식

- **입동(11월 8일)** 겨울의 시작을 알리는 때다.
  제철 식재료 : 옥돔, 배추, 유자, 도미, 방어, 꼬막, 도루묵, 우렁이

- **소설(11월 22일)** 얼음이 얼기 시작하는 때다.

- **대설(12월 7일)** 큰 눈이 오는 때다.
  제철 식재료 : 명태, 아귀, 한라봉, 피조개

- **동지(12월 22일)** 밤이 연중 가장 긴 때다.
  대표 음식 : 팥죽

- **소한(1월 6일)** 겨울 중 가장 추울 때다.
  제철 식재료 : 우엉, 딸기, 삼치, 새조개, 열빙어, 대게, 낙지, 파래

- **대한(1월 20일)** 겨울 중 큰 추위가 오는 때다.
  대표 음식 : 조기, 방풍나물, 바지락, 녹차

자료출처: 한국민속대백과사전, 문화유산정보, 한국식품지식정보시스템

사과농부
강대욱의 제철밥상

펴낸날　초판 1쇄 2024년 3월 20일

지은이　강대욱
펴낸이　서용순
펴낸곳　이지출판

출판등록　1997년 9월 10일
등록번호　제300-2005-156호
주소　03131 서울시 종로구 율곡로6길 36 월드오피스텔 903호
전화　02-743-7661　　**팩스** 02-743-7621
이메일　easy7661@naver.com
디자인　조성윤
인쇄　ICAN
물류　(주)비앤북스

값 20,000원

ISBN 979-11-5555-215-5 03590